STATISTIQUE RAISONNÉE

DES

ANIMAUX DOMESTIQUES

DE

L'ARRONDISSEMENT DE FONTENAY-VENDÉE.

Par P.-N. AYRAUD,

Médecin vétérinaire à Fontenay-le-Comte (Vendée), Membre correspondant de la
Société nationale et centrale de médecine vétérinaire.

> Une ferme sans bétail est une cloche sans
> batail, et le fermier travaillera tout son soûl
> sans faire sonner les cent sous.
> Qui soigne son bétail, soigne sa bourse.
>
> JACQUES BUJAULT, *Agriculture
> populaire.*

MÉMOIRE

QUI A OBTENU

DE LA SOCIÉTÉ NATIONALE ET CENTRALE DE MÉDECINE VÉTÉRINAIRE

UNE MÉDAILLE D'OR DE QUATRE CENTS FRANCS

au concours de 1846.

PARIS

TYPOGRAPHIE DE E. ET V. PENAUD FRÈRES,
10, RUE DU FAUBOURG-MONTMARTRE.

1851

STATISTIQUE RAISONNÉE

DES

ANIMAUX DOMESTIQUES

DE

L'ARRONDISSEMENT DE FONTENAY-VENDÉE.

Par P.-N. AYRAUD,

Médecin vétérinaire à Fontenay-le-Comte (Vendée), Membre correspondant de la
Société nationale et centrale de médecine vétérinaire.

> Une ferme sans bétail est une cloche sans
> batail, et le fermier travaillera tout son soûl
> sans faire sonner les cent sous.
>
> Qui soigne son bétail, soigne sa bourse.
>
> (JACQUES BUJAULT, *Agriculture
> populaire.*)

MÉMOIRE

QUI A OBTENU

DE LA SOCIÉTÉ NATIONALE ET CENTRALE DE MÉDECINE VÉTÉRINAIRE

UNE MÉDAILLE D'OR DE QUATRE CENTS FRANCS

au concours de 1

PARIS

TYPOGRAPHIE DE E. ET V. PENAUD FRÈRES,
10, RUE DU FAUBOURG-MONTMARTRE.

1851

PROGRAMME DU PRIX DE MILLE FRANCS

PROPOSÉ PAR

LA SOCIÉTÉ NATIONALE ET CENTRALE DE MÉDECINE VÉTÉRINAIRE

EN 1846.

—

PRIX DE MILLE FRANCS

pour la meilleure statistique raisonnée des animaux domestiques,
soit d'un arrondissement, soit d'un département.

Le travail contiendra l'indication du nombre exact ou approximatif des animaux d'une ou de plusieurs espèces ; l'indication de leurs races et de leur provenance, du commerce auquel elles donnent lieu, des changements qu'elles ont pu éprouver par les modifications de l'agriculture, par le régime et par les croisements ; l'exposé des améliorations qu'il serait désirable et possible d'introduire dans l'hygiène et les accouplements.

Enfin le travail traitera des maladies les plus communes dans l'arrondissement ou le département, des caractères particuliers qu'elles y prennent le plus fréquemment et des causes qui les produisent.

TABLE DES MATIÈRES.

STATISTIQUE RAISONNÉE

DES

ANIMAUX DOMESTIQUES

DE

L'ARRONDISSEMENT DE FONTENAY-VENDÉE ;

Par M. P.-N. AYRAUD,

Médecin vétérinaire à Fontenay-le-Comte (Vendée), Membre correspondant de la
Société nationale et centrale de médecine vétérinaire.

> Une ferme sans bétail est une cloche sans
> batail, et le fermier travaillera tout son soûl
> sans faire sonner les cent sous.
>
> Qui soigne son bétail, soigne sa bourse.
>
> (JACQUES BUJAULT, *Agriculture
> populaire.*)

CHAPITRE PREMIER.

TOPOGRAPHIE DE L'ARRONDISSEMENT DE FONTENAY-LE-COMTE.
— AGRICULTURE ACTUELLE. — MOYENS GÉNÉRAUX D'AMÉ-
LIORATION.

Le but d'une statistique raisonnée des animaux domestiques
d'un arrondissement ou d'un département doit être nécessairement de faire connaître, au moins approximativement, l'état
et le mode de la production animale dans la circonscription
que l'on embrasse, puis et surtout de signaler les améliorations que l'on croit susceptibles d'être préconisées. Mais en
agriculture chaque partie a avec les autres une corrélation
tellement intime, que c'est rompre la chaine et tronquer son
travail que de ne pas jeter un coup d'œil rapide sur des ques-

tions qui, en apparence, sont étrangères au sujet que l'on traite. C'est dans ce but que nous croyons utile, avant de nous occuper des animaux domestiques, de traiter rapidement de l'état agricole de l'arrondissement de Fontenay et des améliorations que l'on pourrait apporter à la culture ; car les innovations culturales amèneront inévitablement des modifications profondes dans la production animale.

Nous allons aussi chercher à faire connaître d'une manière aussi parfaite que possible la topographie de la circonscription que nous avons choisie, et nous ne croyons pouvoir le faire d'une manière plus saisissante qu'en mettant sous les yeux un spécimen de l'état géologique du sol et de la végétation. Tout s'enchaîne dans la nature! Chaque chose a sa raison d'être! De même que Cuvier, avec son génie profond, reconstruisait un animal à l'aide d'un simple fragment du maxillaire, pourquoi, étant donné l'état géologique d'un pays et surtout sa végétation qui découle de la composition du sol, de l'état atmosphérique, du climat, pourquoi, disons-nous, n'arriverait-on pas, en y joignant l'état de la civilisation et les débouchés, à déterminer la culture qui convient à un semblable pays et les races animales qui doivent plus avantageusement le peupler? La chose nous semble ici d'autant plus facile, pour ce qui concerne spécialement nos animaux domestiques, qu'à peu près tous herbivores, ils ont avec le sol des rapports plus intimes et sont nécessairement, dans une certaine mesure, plus ou moins profondément modifiés par les influences locales. Comment pourrait-il en être autrement quand l'homme lui même n'est pas étranger à ces influences, lui qui, par son génie puissant, a su vaincre tant de difficultés et est parvenu à vivre sous des climats si divers?

Nous assimilerons sans cesse, dans le courant de ce mémoire, l'agriculture à une industrie ordinaire, et l'agriculteur à un commerçant auquel il importe surtout de produire avec bénéfice. En un mot, le problème n'est pas de faire de l'agriculture avec de l'argent, mais bien de l'argent avec l'agriculture. Notre principe sera toujours aussi de ne jamais se mettre en antagonisme direct avec la nature, de la seconder autant que possible, de la contrarier quelquefois dans une certaine mesure quand les avantages sembleront l'emporter de beaucoup sur les inconvénients. Autant que possible aussi, nous chercherons à mettre les innovations que nous proposerons en rapport avec l'état d'avancement de l'industrie agricole et l'aptitude des masses.

§ Ier.

Topographie de l'arrondissement de Fontenay-le-Comte.

Le département de la Vendée, dont la fâcheuse célébrité donne une idée, réelle jadis, mais inexacte aujourd'hui, de sa physionomie spéciale, offre des ressources agricoles nombreuses et variées. Par le progrès des temps et en raison de la prodigieuse fertilité de son sol, il est appelé à occuper l'un des premiers rangs sous le point de vue de la production des céréales et des bonnes races d'animaux domestiques. La Vendée est divisée en trois arrondissements. Celui de Fontenay nous a semblé, des trois, mériter le plus une statistique raisonnée des animaux domestiques; car dans son sein se trouvent presque entièrement confinés la *plaine* et le *marais méridional*; puis, la partie du *bocage* qu'il comprend est susceptible de considérations analogues à celles qui spécialement peuvent s'appliquer à tout le bocage de la Vendée. S'occuper de l'amélioration des animaux domestiques dans l'arrondissement de Fontenay, c'est donc, à l'exception du *marais occidental* et des *îles*, proposer des moyens applicables à tout le département.

L'arrondissement de Fontenay-le-Comte, situé à l'est du département, s'étend sur une superficie de 210,495 hectares 46 ares, et sa population s'élève à 132,615 habitants d'après le recensement officiel de 1846. Quoique son étendue n'égale pas le tiers de la contenance totale du département, il n'en est pas moins le plus important des trois par la fertilité du sol et l'abondance des produits qu'on en retire. Lui seul paye plus des quatre dixièmes de l'impôt foncier du département.

Loin d'être uniforme dans son aspect extérieur comme dans

la composition de son sol, cet arrondissement présente, pour quiconque le parcourt du sud-ouest au nord-est, l'existence de trois zones. La division en *marais méridional, plaine* et *bocage,* n'étant nullement arbitraire, est aujourd'hui unanimement admise.

Du marais méridional. — Le marais méridional, ainsi nommé par opposition à cet autre marais formé par les atterrissements de la Loire et connu sous le nom de *marais occidental* ou de *Saint-Gervais,* est situé au sud et au sud-ouest de l'arrondissement.

Ce pays fertile, où jadis se jouaient les vagues de l'Océan, présente une physionomie bien spéciale. Ainsi, dans la majeure partie de son étendue, pas de haies, pas d'arbres pour borner au loin ce vaste horizon, pour varier la monotonie du sol, pour donner à cette terre brûlante, au temps de la canicule, un peu de fraîcheur et d'ombrage. Partout un pays plat, couvert d'un vaste réseau de canaux, aux eaux bourbeuses, et variant seulement en largeur et profondeur.

Tour à tour inondé ou d'une extrême sécheresse, d'un aspect tour à tour ou fertile ou stérile, le sol est composé d'abord d'une couche de *terreau* ou *fausse tourbe,* contenant une grande quantité d'humus et dont l'épaisseur variable est d'ordinaire de 25 centimètres à peu près; puis d'une masse d'argile bleuâtre, vulgairement *brie,* entremêlée de coquillages marins et s'étendant à une profondeur souvent inconnue, mais reposant toujours sur des couches calcaires, en tout semblables au sous-sol des îles et de la plaine. Le sol du marais est donc argileux avec une petite proportion calcaire.

La végétation se ressent de son origine primitive. Elle offre presqu'exclusivement la même physionomie que celle de la plaine, à cette différence près qu'elle est peut-être plus franchement méridionale, surtout dans les îles hautes. Le nom de *marais,* que porte cette vaste étendue de terrains fertiles, peut donner une idée inexacte des productions végétales. Il semblerait, de prime-abord, que l'on dût trouver dans le marais tous les végétaux nuisibles qui peuplent d'habitude les marécages. Cependant, c'est à peine si l'on rencontre dans les canaux et les fossés quelques plantes qui, comme l'*œnanthe phellandrium* (Lam.), le *scirpus maritimus* (L.), l'*althœa officinalis* (L.), les *iris pseudo-acarus* (L.), et *spuria* (L.), et quelques *carex*, indiquent le séjour continuel des eaux. Les prairies, grâce aux desséchements, ne possèdent guère d'autres cypéracées que le *carex divisa* (Good.) croissant à côté de l'*œnanthe fistulosa* (L.); encore ne rencontre-t on ces mauvaises espèces que dans les bas-fonds. Les prairies offrent pour éléments principaux les *poa*, le *cynosurus cristatus* (L.), le *lolium perenne* (L.), le *dactylis glomerata* (L.), l'*hordeum pratense* (Huds.), et une forte proportion de légumineuses, *medicago* et *trifolium*. Dans le marais de Doix, l'*anthoxanthum odoratum* (L.) forme la base du fourrage de quelques prairies; tandis que ceux provenant de Saint-Michel-en-l'Herm, et des contrées avoisinant la mer, offrent, en très-grande quantité, dans les bons terrains, et certaines années surtout, le *trifolium resupinatum* (L.). L'*hordeum maritimum* (With.) croît aussi quelquefois dans les prairies, mais particulièrement sur le bord des chemins.

Dans les marais non desséchés même (et nous n'entendons pas parler ici des terrains situés sur les bords de la Sèvres, de la Vendée ou du Lay, où, à une inondation complète, l'hiver, succède un desséchement total, l'été; mais des *mares* de Fontaines et de Souil, par exemple), dans ces mares, disons-nous, du reste très-étendues et sans cesse abreuvées par les sources nombreuses de la lisière de la plaine, on ne rencontre même pas les traces d'une végétation aussi marécageuse que dans beaucoup de contrées du bocage. Nous n'y avons jamais vu croître les *sphagnum* ni les *drosera* et les *ériophorum* qui les accompagnent. C'est tout au plus si l'*hydrocotyle vulgaris* (L.), le *menyanthes trifoliata* (L.), le *thalictrum flavum* (L.), et le *ranunculus lingua* (L.), s'y montrent en quelques lieux privilégiés. Les seules graminées qui croissent dans ces terrains sont l'*agrostis alba* (L.) dans les lieux les moins humides, et le *glyceria fluitans* (R. Brown) dans ceux où l'eau séjourne toute l'année. Le *ranunculus sceleratus* (L.), qui de scélérat n'a peut-être que le nom, est une plante rare dans le marais méridional.

Le climat du marais est très-variable, en raison sans doute de l'état même du sol, de son exposition et de sa situation voisine de l'Océan. L'atmosphère y est froide et humide en hiver, chaude en été. La température du jour et celle de la nuit ne présentent souvent aucune proportion : à une journée brûlante succède quelquefois une nuit presque froide. La brise marine vient, au temps des fortes chaleurs, abaisser chaque soir la température.

Dans une statistique, le marais ne peut que difficilement être séparé de la plaine ; car si l'on cherche le nombre des animaux et des hommes qui rigoureusement habitent ce premier pays, et que l'on compare ce nombre à l'étendue et à la fertilité du sol, la proportion sera certes bien loin d'être gardée. Mais si l'on considère que la lisière de la plaine, bordant le marais, est parsemée de nombreux villages qui tous en tirent la majeure partie des fourrages destinés à la nourriture des animaux, on aura une idée exacte du nombre des bestiaux qu'il nourrit Le marais méridional ne possède, à proprement parler, que quinze communes contenant ensemble une population de 23,831 habitants. Encore peut-on ajouter que le nombre des centres de population n'augmentera pas sensiblement. Une chose est, en effet, indispensable pour l'établissement d'une population plus ou moins agglomérée, c'est l'existence de sources, ou d'un cours d'eau rapproché capable de fournir aux habitants l'eau potable nécessaire à leurs besoins. Et, dans le marais où l'eau est pourtant si abondante, celle de source ne se rencontre que dans les îles où le sous-sol est calcaire. Puis, le flux de la mer, dans les grands canaux, rend l'eau qu'ils contiennent d'un usage impossible aux besoins de la vie. Quant aux puits que l'on creuse quelquefois auprès des habitations, ils fournissent de l'eau peu préférable à celle des fossés et des canaux. Elle se ressent toujours de la présence antérieure de la mer. Elle est constamment saumâtre. Les îles du marais, au nombre de seize seulement, ne sont pas toutes d'une assez grande étendue pour permettre d'y construire des communes populeuses. Quelques unes se réduisent aux simples proportions d'îlots, tandis que d'autres, comme celle de Maillezais et celle de Champagné, contiennent la plus grande partie de la population de trois et quatre communes.

Il ne nous appartient pas d'entrer ici dans de grandes considérations géologiques sur la formation du marais et de ses îles. Nous nous contenterons seulement de dire que des terrains d'alluvion, transportés par le cours du Lay et de la Sèvre-Niortaise, et rejetés sur la côte par les flots de la mer, ont dû peu à peu combler le golfe de l'Aiguillon et réunir les îles à la terre ferme. Du reste, sur la côte, ce phénomène se montre encore chaque jour. De temps à autre, de nouveaux *lais de mer* sont conquis, et la charrue du laboureur sillonne une terre vierge, couverte naguère par les vagues de l'Océan. S'il pouvait exister des doutes sur le séjour que la mer a fait, à une époque qui n'est pas très-éloignée de nous, sur le marais, les bancs d'huîtres de Saint-Michel-en-l'Herm où l'on rencontre toutes les coquilles de la mer voisine, l'existence dans les terres de débris analogues aux coquillages qui se trouvent encore sur la côte, et enfin, la rencontre, plusieurs fois répétée, de restes de navires, bien loin dans les terres, suffiraient pour les lever.

Le marais méridional compris dans l'arrondissement de Fontenay contient environ 51 à 52 mille hectares, ainsi partagés : terres labourables, 16 mille hectares; prés, 30 mille; vignes, 250 hectares; bois, 2,100 hectares ; et surfaces non cultivables (chemins, rivières, terrains bâtis, etc.), 2,800 hectares [1].

Toute la lisière du marais, bordant la plaine sur une éten-

---

[1] L'on comprendra que nous n'ayons pu donner d'une manière exacte l'étendue de chacune des trois divisions de l'arrondissement. La raison en est qu'un grand nombre de communes s'étendent à la fois sur la plaine et sur le marais, ou bien sur le bocage et la plaine. Nous sommes arrivés aux chiffres que nous énonçons ici en nous servant de l'état cadastral de chacune des communes, et en en séparant un nombre d'hectares à peu près égal à celui qui se trouve compris dans la division ou les divisions autres que celle que nous considérons.

due d'environ trois à quatre kilomètres, n'est généralement pas cultivée. Appartenant le plus ordinairement à des propriétaires de ce dernier pays, ils trouvent plus convenable d'en faire de fertiles prairies, ayant, du reste, des terres de plaines plus faciles à cultiver. En outre, le foin superflu peut être facilement et avec avantage transporté en plaine, où généralement sa vente est assez lucrative. Les terres labourables se rencontrent pour moins d'une moitié dans les exploitations rurales du centre du marais. On en trouve une grande quantité près des villages et sur le bord de la mer, où le plus facile écoulement des eaux et la plus grande facilité du terrain rendent la culture très-avantageuse.

Les vignes, du reste peu abondantes, ne sont situées que dans les îles où le sous-sol calcaire permet à la plante un plus sûr accroissement.

Les bois ne se rencontrent que dans les *marais mouillés* et sur la lisière bordant la plaine. Là, l'eau de source ou celle provenant des débordements, jointe à la couche de terreau plus abondante, favorise le rapide accroissement des peupliers, des saules et des frênes; tandis que l'humidité permettrait difficilement de faire de ces terrains des prairies même de médiocre qualité.

Enfin, sur les bords de la mer, surtout dans le golfe de l'Aiguillon, il existe des terrains non encore protégés par des digues et couverts, à toutes les hautes marées, par le flux de l'Océan. C'est sur les *lais de mer* que croît en abondance le *glyceria maritima* (Mert. et Koch.), ou vulgairement *misotte,* plante si précieuse comme fourrage et comme pâturage.

La surface du marais est plane, et la pente qu'elle présente vers la mer est reconnue insuffisante pour permettre l'écoulement des eaux pluviales. Le desséchement de ce pays a, en conséquence, donné naissance à de nombreux travaux d'art, malheureusement encore imparfaits et dont les premiers remontent, dit-on, au XIIe siècle. Les desséchements se font par société de propriétaires qui eux-mêmes votent, chaque année, les fonds et font exécuter les travaux.

On divise le marais méridional en deux bassins, celui du

Lay comprenant toute la partie occidentale jusqu'au canal de Luçon, et celui de *la Sèvre,* qui, prenant naissance sur la rive gauche du même canal, se prolonge jusqu'aux limites du département pour se continuer dans les Deux-Sèvres et la Charente-Inférieure.

On nomme aussi *marais mouillés* ceux qui, généralement situés sur les bords du Lay, de la Vendée, de l'Autise ou de la Sèvre-Niortaise, ne peuvent pas, vu le débordement de ces rivières, être suffisamment desséchés pour, au besoin, permettre la culture des céréales d'automne.

On donne par opposition le nom de *marais desséchés* à ceux qui, placés le plus souvent à une grande distance de ces cours d'eau, peuvent être suffisamment garantis des débordements par des digues, et munis de canaux destinés à transporter à la mer les eaux pluviales trop abondantes.

DE LA PLAINE. — La plaine, seule contrée de l'arrondissement qui soit dotée de la *mulasse*, est, comme le marais méridional, presqu'entièrement comprise dans l'arrondissement de Fontenay-le-Comte. Elle prend naissance, sous forme de pointe, à la côte de Jard, et traverse tout l'arrondissement pour se continuer encore dans le département des Deux-Sèvres. Cette contrée présente ainsi la forme d'une surface allongée et irrégulière, interrompue par le cours du Lay au Port-Laclaye. Sa largeur est d'environ 6 kilomètres vis-à-vis Fontaines, et d'à peu près 10 à 12 kilomètres de Saint-Laurent-de-la-Salle à Saint-Martin-sous-Monzeuille, ou d'Arty à Souil.

La surface de la plaine ne présente que très-peu d'inégalités, comme l'indique son nom. A l'exception de quelques côteaux secs et de quelques pelouses arides, elle présente partout l'aspect d'un pays fertile et on ne peut plus propre à la pratique d'une agriculture perfectionnée. Le sous-sol de la plaine est calcaire et recouvert d'une couche de terre végétale assez fertile, d'une épaisseur d'environ 30 centimètres et participant de la nature du sous-sol. On n'y rencontre que fort peu de terrains argileux.

La végétation de la plaine présente toute la physionomie d'une végétation méridionale des terrains calcaires. Dans les moissons, l'on rencontre en quantité le *galium tricorne* (With.), le *buplevrum protractum* (Linck.), le *coronilla varia* (L.), le *calamintha acinos* (Gaud.), l'*ajuga chamæpitys* (Schreb.), le *trifolium rubens* (L.), et le *specularia hybrida* (All.); puis, çà et là le *bifora testiculata* (Sprengel.), le *turgenia latifolia* (Hoffm.), et les *teucrium chamœdrys* (L.), et *botrys* (L.). Sur les pelouses sèches et incultes, l'on trouve le *plantago media* (L.), l'*ononis natrix* (Lam.), l'*anthyllis vulneraria* (L.), le *phleum bœhmeri* (Wibel), le *linum tenuifolium* (L.), et même le *micropus erectus* (L.), l'*ononis columnæ* (All.), l'*inula squarrosa* (L.), l'*astragalus monspessulanus* (L.), et le *libanotis montana* (All.) [1].

L'infiltration des eaux pluviales étant très-prompte en plaine, et le pays n'étant pas comme le marais sujet aux inondations, la culture y est plus sûre, plus facile. C'est, des trois contrées de l'arrondissement, celle dont l'atmosphère est le plus salubre : l'air est pur et le climat constant.

La population de la plaine, comprise dans l'arrondissement de Fontenay-le-Comte, s'élève à 58,110 habitants, et la contenance n'est que de 72,000 hectares à peu près, ainsi répartis : 58,000 hectares environ de terres labourables et de prairies artificielles, 3,500 hectares de prairies naturelles, 1,600 hectares de bois, 3,200 hectares de vignes, 700 hectares de landes ou bruyères, et enfin, 5,000 hectares de terres non cultivables.

Comme on le voit, les prairies naturelles ne présentent en plaine qu'une infime proportion. Celles que l'on rencontre sont même à peu près exclusivement situées sur les bords des rivières, qu'elles bordent on peut dire jusqu'à leur source. Elles traversent ainsi la plaine, et ne sont qu'une continuation du marais qu'elles mettent en communication avec le bo-

---

[1] Il est bien entendu que nous n'avons pour but ici que de donner une idée de la végétation des diverses localités dont nous nous occupons. Nous ne citons, en conséquence, que les plantes qui nous paraissent le plus susceptibles de caractériser la production végétale.

cage. Les terrains cultivés forment donc l'immense partie de la contrée qui nous occupe ; et, en raison de leur fertilité, il y aurait espoir de voir l'agriculture arriver à un haut degré de perfection, si les terres n'étaient pas malheureusement aussi morcelées et sujettes à la vaine pâture dans la pluralité des cas.

Les bois de la plaine, du reste peu nombreux surtout à l'est, sont presque tous situés sur les terrains les moins franchement calcaires. Le chêne qui les compose presqu'exclusivement est le *quercus pubescens* (Willd.).

Quant aux landes et bruyères, elles sont situées pour la plupart sur la lisière du bocage, et peuvent être considérées comme appartenant presque toutes à ce dernier pays.

Du bocage. — Le bocage de la Vendée tire son nom, non pas du grand nombre de forêts qu'on y trouve (la partie comprise dans l'arrondissement de Fontenay n'en possède qu'environ 6,500 hectares), mais de ce que chaque champ est entouré de haies vives, entremêlées d'arbres volumineux, ce qui, vu de loin, donne à l'ensemble du pays l'aspect d'une vaste forêt continue.

La partie du bocage située dans l'arrondissement de Fontenay-le-Comte occupe tout le nord de cet arrondissement. On rencontre dans son sein le grand bassin houiller de la Vendée, interrompu par le calcaire intérieur sous lequel il plonge. Deux chaînes de collines, prenant naissance au nord de Fontenay sur les rives de la Vendée, se prolongeant a l'est de la Châtaigneraye, pour se diviser là et ne se réunir qu'à la jonction des deux Lays, circonscrivent de toute part les terrains houillers. La partie nord du bocage est presque entièrement couverte par une faible partie de cette chaîne de collines qui prend naissance aux Cévennes, traverse toute la France, et va se terminer dans le département de la Loire-Inférieure.

Le sol du bocage présente de nombreuses variations. La chaîne nord, la plus élevée, est de formation primitive et se compose presque exclusivement de granit. La chaîne de la

Chataigneraye, dont les principaux monticules sont ceux des rochers Coquilleaux, de la Chataigneraye, de Cheffoy et de Mouilleron-en Pareds, est composée en grande partie d'un quartz laiteux, mélangé à une forte proportion de schiste. La chaîne sud a pour éléments principaux le schiste, le granit au nord de l'Hermenault, et çà et là le gneiss et le quartz. La contrée de l'arrondissement qui nous occupe ici possède aussi une grande partie du bassin calcaire de Chantonnay, que nous avons déjà cité sous le nom de calcaire intérieur. Cette seconde plaine, bien plus petite que la première et d'une forme très-irrégulière, semble avoir formé jadis un grand lac dans l'intérieur du pays. Elle prend naissance aux Essarts, dans l'arrondissement de Napoléon, et vient se terminer à Cezais, près Vouvant, à 15 kilomètres environ de Fontenay. Sa largeur est très-variable, souvent elle ne dépasse pas 1 kilomètre. Le bocage de l'arrondissement de Fontenay est presque la seule partie montueuse de la Vendée; tout y atteste l'existence des catastrophes profondes qui ont bouleversé notre globe et soulevé ces imposantes masses granitiques. Le sommet des collines présente à nu les couches granitiques ou schisteuses, comme partout où ont eu lieu des soulèvements importants. La terre végétale ne se rencontre là que dans les fissures des rochers, sur leur croupe et à leur pied; encore dans beaucoup d'endroits est-elle si peu considérable que la culture des céréales y est impossible. Le sol des vallons, plus fertile, se compose en grande partie d'argile sablonneuse. L'infiltration des eaux y est difficile et l'humidité souvent considérable. Il n'est pas rare de rencontrer non loin des masses granitiques ou schisteuses des terrains très-marécageux, des marais tourbeux même, avec leur sol dansant sous les pieds à 10 ou 15 mètres de distance. En général, les parties les plus basses, les plus humides de cette contrée sont laissées en prairies naturelles, les plus élevées et les plus stériles forment les landes et les bruyères, les intermédiaires seules sont périodiquement soumises à la culture.

La végétation du bocage est variable comme la nature du sol. Sur les collines l'on ne rencontre que l'*ulex europœus* (L.), l'*erica cinerea* (L.) et quelques maigres graminées ou légumineuses, comme les *aira præcox* (L.) et *caryophyllea* (L.), le *festuca poa* (Kunth.), l'*ornithopus perpusillus* (L.), les *trifolium subterraneum* (L.) et *glomeratum* (L.), etc. La chaine de la Chataigneraye est caractérisée par le *sedum anglicum* (L.) et un *silene* ayant tous les caractères du *maritima* (With.), mais assez curieusement placé là, à 15 ou 20 lieues de la mer. Les moissons présentent un luxe de végétation nuisible bien moins considérable qu'en plaine. Les végétaux qui leur sont particuliers se réduisent presque à l'*arnoseris pusilla* (Gœrt.), dans les champs de seigle ; à l'*avena strigosa* (L.), dans les avoines ; et au *spergula vulgaris* (Reich.) partout. Les champs laissés en friche sont presque exclusivement couverts au bout d'un an ou deux par le *triodia decumbens* (Pers.), le *pedicularis sylvatica* (L), le *sarothamnus scoparius* (Koch), l'*ulex europæus* (L.) et de la Tardière à Saint-Pierre du Chemin l'*adenocarpus parvifolius* (D. C.). Les prairies les moins humides contiennent l'*anthoxanthum odoratum* (L.), le *poa pratensis* (L.), le *briza media* (L.). Celles qui le sont davantage possèdent en outre d'un grand luxe d'*orchidées*, le *nardus strita* (L.), le *pedicularis palustris* (L.) et les *carex pulicaris* (L.) et *stellulata* (Good). Dans beaucoup de ces prairies l'on rencontre l'*anagalis tenella* (L.) et le *lobelia urens* (L.) en grande quantité. Enfin, dans les marais tourbeux, ce sont les *eriophorum*, le *drosera rotundifolia* (L.), les *sphagnum* et le *polysticum thelypteris* (Roth.), qui constituent presque entièrement la végétation.

Le bassin calcaire du bocage possède une grande partie des végétaux des plaines calcaires. On y rencontre, comme dans les moissons des environs de Fontenay, l'*alyssum calycinum* (L.), le *lactuca perennis* (L.), l'*iberis amara* (L.), le *neslia paniculata* (Desv.), le *caucalis daucoïdes* (L.). l'*anthyllis vulneraria* (L.), le *cirsium bulbosum* (D. C.), le *chlora perfoliata* (L.), le *trifolium rubens* (L.), le *phleum Bœhmeri* (Wibel.), l'*althæa hirsuta* (L.), le *specularia hybrida* (All.), le *calamintha acinos* (Gaud.), les *teucrium chamædrys* (L.) et *botrys* (L.) et l'*ajuga chamæpitys* (Schreb.) etc., etc. C'est même un curieux spectacle pour un botaniste que cette végétation calcaire bien tranchée au milieu d'une végétation schisteuse et granitique non moins tranchée. Il y a là une protestation évidente contre cette idée émise par de très-savants naturalistes, à savoir: que la nature du sol n'a aucune influence sur les espèces végétales qui y croissent.

Le climat du bocage est variable, en raison des nombreux accidents de terrain dont est pourvue cette contrée. L'air du sommet des collines est vif et piquant, celui des vallons est doux et tempéré. Il faut, du reste, attribuer plutôt cette différence dans les variations atmosphériques, à l'obstacle que les haies et les arbres apportent, dans les vallées, à l'impétuosité des vents, qu'à la petite différence dans l'élévation. Le sol de l'église de Saint-Michel-Mont-Mercure point culminant du département est à 285 mètres au-dessus du niveau de la mer. Le bois de la Folie, près Pouzanges, offre en hauteur 7 mètres de moins.

L'arrondissement de Fontenay contient à peu près 86,000 hectares de bocage, ainsi divisés : terres labourables, 53,000 hectares; prés, 14,000 hectares ; bois et vignes, 7,500 ; landes et bruyères, 4,500 ; terrains non cultivables, 7,000 hectares. La population s'élève à 50,674 habitants. Il résulte de ce qui précède que l'étendue des prés est loin, dans le bocage, d'être en rapport avec celle des terres labourables ; mais, comme nous le verrons bientôt, celles-ci sont divisées en trois soles dont chacune est cultivée pendant sept à huit ans pour rester en jachère les dix ou douze années qui suivent. Les terres labourables forment donc en réalité, et de très-maigres pâturages, et des champs couverts de moissons sinon abondantes, au moins d'excellente qualité.

Si maintenant, embrassant l'arrondissement d'un coup d'œil général, l'on veut en déduire la valeur relative de ses trois zones sous le point de vue des productions agricoles, l'on sera conduit à considérer le bocage comme médiocre, la plaine comme bonne et le marais très-bon.

§ II.

De l'agriculture actuelle.

Il est aisé de reconnaître d'après ce que nous venons de dire, et pour peu que l'on soit d'accord avec nous sur les principes de corrélation que nous avons posés, que dans l'arrondissement de Fontenay les procédés agricoles doivent offrir des différences tranchées dans chacune des trois divisions. Ce sont ces différents procédés que nous avons pour but ici de faire connaître d'une manière aussi complète et aussi succincte que possible.

Le marais, la partie de l'arrondissement la plus fertile, mais la plus arriérée dans ses modes de culture, doit vraisemblablement ses premiers éléments d'agriculture aux Hollandais et aux Flamands, qui, en janvier 1607, obtinrent par un édit du roi Henri IV la concession des marais non desséchés. L'article X de cet arrêt portait même que ceux des étrangers qui se fixeraient dans le marais seraient, par ce fait seul, naturalisés Français. Avant cette époque, les marais desséchés n'étaient probablement pas cultivés. Nous verrons plus tard que les nouveaux habitants du marais y introduisirent, en toute probabilité, les races animales de leur pays : mais il entre quant à présent dans notre sujet de dire qu'ils y importèrent, en outre, leurs instruments aratoires en même temps que leurs procédés agricoles. La charrue dont on se sert encore aujourd'hui dans le marais n'est autre chose que la charrue brabançonne ; seulement le versoir en bois est plus allongé, et le coutre, moins recourbé, est situé plus près de l'extrémité du soc. La roulette, destinée à remplacer quelquefois le sabot, n'est aujourd'hui que rarement usitée.

En laissant de côté la lisière avoisinant la plaine où, comme nous l'avons dit, il n'existe presque exclusivement que de fertiles prairies, et en s'avançant vers le centre du marais, l'on voit la division du sol en vastes propriétés nommées *cabanes*, contenant en général de 100 à 300 ou 400 hectares. Les cabanes sont elles-mêmes divisées en pièces de terre ou de pré nommées *carrés*, variant en grandeur, mais atteignant souvent de 25 à 30 hectares. Un peu plus du tiers de ces exploitations rurales est cultivé, l'autre partie forme d'excellentes prairies.

L'agriculture du marais est loin d'avoir progressé comme celle de la Hollande ; elle est au contraire restée presque stationnaire. Les terres labourables des cabanes sont divisées en deux soles alternativement cultivées et laissées en jachère annuelle. La première sole est ensemencée en froment, orge ou avoine, la seconde sert après la récolte, en automne et au printemps suivant, à la nourriture des jeunes animaux de l'espèce bovine, et à celle de forts troupeaux de moutons. Néanmoins, un quart à peu près de cette seconde sole est, aux mois de février et mars, ensemencée en fèves, puis en froment à l'automne de la même année.

A la fin de mai, l'on fait subir aux jachères le premier et pénible labour; il s'effectue à l'aide de huit ou dix bœufs. La terre, tassée alors par les pluies d'hiver, comme aussi par les pieds des animaux qui y ont pâturé, se lève en mottes ayant quelquefois jusqu'à 1 mètre 50 centimètres et plus de longueur, sur une largeur de 30 centimètres environ, et une épaisseur de 20 à 25 centimètres. Loin de se briser par l'effet du soleil, ces mottes volumineuses durcissent au contraire. Si l'on essaie de les herser, la lourde herse du marais, dont la ressemblance avec celle de M. de Valcourt est très grande (le point de tirage est seulement fixé sur les parties latérales d'un des chassis externes à 40 ou 50 centimètres d'une des extrémités), roule alors dessus sans les briser. Mais quand en été, les pluies d'orage, généralement fréquentes, viennent rafraîchir et imbiber cette terre brûlante, semblable alors à la chaux qui s'éteint, elle crie, se fendille, puis se réduit en poussière. La herse ensuite finit aisément ce que l'effet seul des conditions atmosphériques avait si bien commencé.

Le froment, l'avoine et l'orge, ces deux dernières plantes pour un cinquième à peu près, se sèment sur les guérets n'ayant subi que le labour précité et réduits à plat par la herse. Au dernier labour on reforme les larges sillons de 2 mètres de largeur à peu près, à l'aide de quatre tours de charrue. On a le soin, pour diminuer autant que possible les funestes effets de l'humidité du sol, de fortement relever les sillons, sans néanmoins attaquer la masse argileuse que l'on dit improductive.

La culture des champs où vient de croître la fève, exige aussi un labour et un hersage préalables, analogues à ceux que nous avons décrits plus haut. Quelquefois, cependant, on les cultive de la manière dont on ensemence en plaine la sole d'orge. L'on donne préalablement, alors, deux coups de charrue à droite et à gauche du sillon, de manière à laisser au milieu une lisière intacte nommée *rond*; l'on sème ensuite; puis, deux autres coups de charrue divisant le rond, servent à couvrir le blé en même temps qu'à finir le sillon.

Les blés, semés de la fin de septembre aux premiers jours de novembre, sont abandonnés aux soins de la nature jusqu'au printemps suivant, où alors est opéré un léger sarclage. La faucille du moissonneur vient ensuite, et enfin le fléau du dépiqueur termine cette série peu compliquée de travaux.

La fève se cultive à bras; ce sont les moissonneurs de la ferme qui se partagent le terrain dont chacun sème et entretient à ses frais la tâche qui lui est échue. Le partage se fait en gerbes; et, suivant les localités, le moissonneur a la moitié ou les trois cinquièmes de la récolte. Cette culture, très-productive, d'une immense ressource pour les prolétaires du marais surtout, est reconnue amélioratrice pour le sol, en raison d'abord du labour mieux fait et des sarclages mieux exécutés; puis de l'influence de toutes légumineuses sur des terrains où après doivent être cultivées des graminées.

Les parties du marais situées sur les bords de la mer, et dont l'endiguement remonte à une époque peu reculée, appartiennent aux journaliers des communes voisines du golfe de Laiguillon. Les administrations communales de ces contrées ont eu, dans ces dernières années, l'heureuse idée d'acheter, aux frais des communes, et généralement à bas prix, puis de dessécher les *luis-de-mer* reconnus à *maturité*, pour ensuite les partager entre les habitants. Ces terrains sont presque tous cultivés à bras, et les assolements ne diffèrent guère de ceux des autres parties du marais. La culture à bras offre, dans le marais, une supériorité tellement tranchée sur les labours à la charrue, que certains fermiers ou propriétaires trouvent avantage à céder leurs terres à moitié récolte aux cultivateurs à la bêche, plutôt que de faire labourer eux-mêmes à la charrue. Faut-il, en présence de ce résultat, maudire la culture du marais ou la nature des terres? L'une et l'autre, selon nous. Mais dans tous les cas, il n'est pas certain que, sans la pénurie des bras, la bêche ne remplacerait pas aujourd'hui complétement la charrue.

Le lin, dont on ne cultive qu'une faible quantité dans toute la partie occidentale du marais, forme au contraire une des branches principales de la culture dans les environs de Vix. Partout, autant que possible, on a le soin de fumer les terres où la graine de cette plante textile doit être jetée. Le lin se sème en deux saisons : à la Saint-Michel (fin de septembre), et au printemps. Le lin de la Saint-Michel ne se sème qu'exceptionnellement en marais. Il ne peut réussir que garanti des gelées, au pied des rochers ou de tout autre abri, contre les vents du nord; et ce sont là, on le sait, des localités exceptionnelles dans la contrée qui nous occupe. Le rouissage et le teillage de lins sont surtout on ne peut plus négligés. L'on a souvent la mauvaise habitude de passer la plante au four avant d'effectuer cette dernière opération. C'est, à n'en pas douter, à ces causes réunies qu'il faut attribuer le peu de prix de nos lins, et leur exclusion formelle des grandes manufactures (NOTE 1).

La culture du chanvre forme aussi dans les marais de Vix, ainsi que dans ceux de Maillé et de Danvix, une branche importante de l'agriculture.

Le colza, dont la culture fut, sous la Restauration, importée par un agronome belge nommé Van-de-Casteele, est cultivé dans le marais sur une très-petite échelle. Le manque de bras et les vieux préjugés en sont sans doute la cause unique, car cette plante y croît bien, et donne d'abondants produits.

Outre les *mottes* qui, dans les marais mouillés, produisent du blé, mais surtout du lin, du chanvre et des légumes, beaucoup de terrains inondés l'hiver, sont au printemps comme les bords du Nil, cultivés après la retraite des eaux. L'avoine de printemps et les haricots sont les deux récoltes principales. C'est dans les environs de Maillé que ce mode de culture reçoit le plus de développements.

Le parcage des moutons est le seul mode d'engrais que l'on emploie en marais. Le fumier des bœufs et des chevaux ne sert point à ces usages; un vieux préjugé le fait considérer comme nuisible aux terres de ce pays. Il est néanmoins vrai de dire que les terres fumées offrent une végétation plus abondante de plantes nuisibles ; et, dans les printemps humides, cette cause jointe au trop grand développement des blés, concourait à les faire plus souvent verser. Le fumier, partout si précieux à l'agriculture, est là converti en sorte de gâteaux nommés *bouzes*, qui servent à remplacer le bois de chauffage pour tous les usages domestiques. Pour la cuisson du pain seulement, ce combustible est exclu et remplacé par la paille de fève.

Les prés, généralement très-fertiles, n'exigent le plus ordinairement d'autres soins que ceux de les inonder en hiver, pour préserver de la gelée une grande quantité des plantes grêles ou tendres qu'ils contiennent; puis de favoriser au printemps la retraite des eaux qui, alors, altéreraient la qualité des fourrages. Dans tout le bassin du Lay et dans la partie occidentale du bassin de la Sèvre, les prairies, fertiles au printemps, se dessèchent si complétement au temps des fortes chaleurs, qu'elles offrent l'aspect de la plus grande stérilité. Le sol de l'autre portion du marais, par suite de la plus grande profondeur des terres végétales et de l'humidité plus constante du sol, possède de l'herbe fraîche au plus fort de l'été.

La récolte des foins est presque toujours négligée par suite du manque de bras et de la trop grande abondance des produits. Le fourrage n'est point mis à couvert pendant l'hiver. On en fait en plein air des tas souvent énormes nommés *barges*, et contenant quelquefois jusqu'à 250,000 kilogrammes.

Pendant quatre ou cinq ans, le fourrage peut ainsi conserver toute son intégrité.

Afin surtout d'éviter la présence des mauvaises graines, les blés sont coupés à plus de 30 centimètres de terre. La paille sert à la nourriture des animaux, et le chaume, n'étant généralement fauché que longtemps après la récolte du blé, n'est propre qu'à faire de la litière. Ce n'est qu'exceptionellement qu'on le fait manger aux animaux domestiques. Les balles du blé ne sont point comme dans quelques contrées de la plaine et du bocage, employées comme fourrages. On les convertit en cendre que l'on mélange le plus ordinairement à celle du fumier, et que les habitants du bocage achètent à grands frais pour amender leurs terres.

La plaine est un pays essentiellement de culture. Les terres labourables prédominent d'une manière considérable sur les pâturages, comme nous l'avons dit déjà, et, cependant, grâce au marais, les animaux y reçoivent encore une nourriture abondante. La charrue est à avant-train. Elle est, dans quelques localités, pourvue d'un soc ni tranchant ni pointu (il se termine par une extrémité quadrangulaire de 25 millimètres à peu près); son versoir est tantôt fixe, tantôt mobile, et son manche double.

Les assolements de la plaine varient d'une manière sensible. Les terres de la partie la plus occidentale sont divisées en deux soles alternativement cultivées et laissées en jachère annuelle. Au printemps, les jachères sont défrichées, puis hersées ensuite. Elles reçoivent quelquefois, dans le courant de l'été, deux ou trois autres labours dont quelques-uns en travers, et dont, enfin, le dernier, avant la semaille, est destiné à reformer les sillons. Le froment est la principale plante que l'on cultive dans cette portion de la plaine. On y rencontre cependant quelquefois l'orge, mais très-rarement l'avoine.

Une seconde partie de la plaine est divisée en trois soles. La première, dont les terres se sont reposées l'année précédente, reçoit du froment. L'orge ou le méteil (froment et orge) est, la seconde année, cultivé dans les champs qui viennent de produire le froment. La troisième sole, enfin, est laissée en jachère annuelle. Le mode de culture est alors à peu près semblable à celui de la première partie; seulement les labours sont généralement moins nombreux.

Enfin, une troisième portion de la plaine, la plus étendue et la plus orientale, est divisée en quatre soles. La rotation continuelle, inévitable, est la suivante : froment d'abord, orge d'hiver ou méteil ensuite, orge distique, vulgairement baillarge, après, et, enfin, jachère annuelle. Le froment et l'orge distique sont, l'un en automne, l'autre au printemps, cultivés sur guérets et d'après le même procédé que nous avons déjà décrit. L'orge d'hiver est semée sans culture préalable sur des terrains qui déjà ont produit du froment. L'on emblave alors de la même manière qu'en marais les terres où viennent d'être récoltées les fèves.

Après les semailles, le blé est, dans la majorité des cas, abandonné aux seuls soins de la nature jusqu'au printemps suivant, époque à laquelle des sarclages insuffisants sont effectués. Néanmoins, la presqu'île de Saint-Denis, ainsi que la portion de la plaine située dans l'arrondissement des Sables-d'Olonne, fait, en outre, subir une autre opération nommée *trefuage*. Le trefuage s'effectue en automne pour les blés précoces et pour les terres où l'humidité n'est point à craindre, et au printemps pour les autres circonstances. L'instrument dont on se sert est une sorte de petite houe présentant la forme d'un triangle isocèle, et ayant de 10 à 15 centimètres à peu près de la base au sommet. Le manche, de 1 mètre 30 centimètres, est adapté à l'aide d'une douille à la base du triangle. Le trefuage a l'avantage non-seulement de purger la terre des mauvaises herbes, mais encore et surtout de forcer le blé, dont la tête est coupée souvent alors, à pousser de plus nombreux rejetons produisant chacun un épi.

Le colza s'est, dans cette partie de l'arrondissement, bien plus propagé que dans les lieux où M. Van-de-Casteele l'importa et le cultiva lui-même. De jour en jour, sa culture prend plus d'extension et est destinée dans peu à apporter d'importantes modifications dans l'assolement des terres.

Le lin n'est que fort peu cultivé, et l'est toujours d'après les mêmes procédés que dans le marais.

De tous temps, une trop faible partie de la sole de jachère a été cultivée en haricots, pommes de terre, vesce (ga-robe), etc.

Les prairies artificielles ont depuis longtemps pénétré dans la contrée qui nous occupe, mais jusqu'ici elles n'ont existé qu'en une trop faible proportion. Chaque jour cependant elles tendent à se propager davantage, car chaque jour elles sont de mieux en mieux appréciées. Il n'est pas douteux que, dans un certain nombre d'années, le trèfle, la luzerne commune et la lupuline, ne soient appelés à changer complétement l'agriculture de la plaine.

Les travaux agricoles se font généralement avec des *bœufs* dans la partie la plus occidentale de la plaine jusqu'à la route de Marans à Sainte-Hermine, à peu près. Quelques petits propriétaires font seuls exception en cultivant avec des ju-ments poulinières. Six bœufs sont quelquefois employés pour traîner la charrue, mais généralement deux suffisent. Toute la portion orientale de la plaine emploie aux travaux agri-coles, soit des juments mulassières, soit les jeunes élèves de la *mulasse*. Les bœufs ne se rencontrent qu'en une faible proportion.

Le fumier des animaux de la ferme, toujours insuffisant, forme le seul engrais des terres. On le porte dans les champs quelque temps avant de semer le blé, mais il n'est souvent recouvert qu'après s'être desséché sur le sol.

Les terres de plaine sont extrêmement morcelées et non closes. L'ensemble des morceaux constitue de vastes pièces nommées *guérêtes*, et soumises à un assolement déterminé, forcé même.

C'est en plaine que deux des comices agricoles des plus importants sont établis. Celui de Sainte-Hermine a beaucoup fait, et celui de Fontenay, d'une formation plus récente, est destiné à beaucoup faire. L'excellent petit ouvrage de M. Tillier propage chaque jour, au sein des populations rurales, des

éléments d'agriculture spécialement applicables à ces contrées.

La culture du bocage est à peu près partout uniforme bien
que la nature du sol offre, comme nous l'avons dit déjà, de
très-grandes différences. Que les terres soient ingrates ou
fertiles, que le sous-sol soit argileux, calcaire, schisteux ou
granitique, le cultivateur ne procède que rarement d'une
manière différente. En général, les propriétés varient de contenance entre 20 et 40 hectares. Elles sont divisées en champs
de 1 à 4 hectares, entourés de haies vives et de nombreux
arbres. Les prairies forment souvent moins du sixième de la
propriété; le reste constitue à la fois les terres labourables et
les pâturages. Cette dernière partie est divisée en trois soles
dont deux sont alternativement cultivées et laissées en jachères annuelles, et dont la troisième est abandonnée sans
culture pendant environ dix années, après avoir été labourée
pendant huit ans, à peu près. Chaque quatre ou cinq années,
une partie de cette jachère permanente est défrichée pour être
remplacée par l'abandon d'une portion à peu près égale des
terres cultivées. Ce sont les jachères permanentes, dont la
contenance égale d'ordinaire plus du tiers de la propriété,
qui, sous le nom de *pâtis*, sont destinées à fournir aux animaux domestiques une nourriture maigre et souvent insuffisante. Là, en effet, croissent, comme nous l'avons dit, plus
d'ajoncs, de genêts et de bruyères que de graminées et de
légumineuses fourragères.

Le défrichement des pâtis se fait de deux manières. A l'aide
de la charrue à la fin de l'automne; et, ce terrain est un an
plus tard, après un fumage et trois ou quatre autres labours,
ensemencé en froment. Le second procédé consiste en l'éco-
buage. Cette opération se fait avec une houe à bras. On enlève
la couche extérieure du sol sur une épaisseur de 8 à 10 centimètres, à peu près. Les mottes sont ensuite séchées au
contact du soleil, puis rassemblées et disposées en fourneau
pour, là, être ainsi lentement brûlées. Ce procédé, bien plus
coûteux que le précédent, promet sans autre engrais une première récolte plus abondante. Mais il est aussi reconnu que

l'épuisement de la terre en est plus rapidement la suite. Les autres labours, plus parfaits et plus nombreux que dans l'immense partie de la plaine, se font avec une charrue à peu près en tout semblable à celle de cette dernière partie de l'arrondissement. Les bœufs et les vaches sont les seuls agents moteurs qu'emploie l'agriculture du bocage.

Le froment et le seigle forment les deux principales récoltes de la division nord de l'arrondissement. La première de ces plantes prédomine dans les vallons et dans le bassin calcaire, tandis que la seconde est presqu'exclusivement cultivée sur les collines. L'orge n'occupe qu'une faible portion du territoire. Et l'avoine est d'ordinaire le dernier produit que, sans engrais, l'on exige d'une terre destinée à être laissée en jachère permanente. Le mil (*panicum milliaceum,* L.), et le blé noir (*polygonum fagopyrum,* L.), comme aussi le lin et le colza, dans quelques localités, sont des plantes dont la culture peut être considérée comme accessoire.

La culture du chou-cavalier, des navets, du rutabaga (chou-rèbe), des pommes de terre, occupe une grande partie des champs les plus rapprochés des habitations. Ces terrains ont le privilége exclusif de ne pas être périodiquement convertis en jachères permanentes.

Le froment et le seigle se sèment après trois ou quatre labours et deux hersages. La première de ces plantes exige de nombreux sarclages, et la seconde est presque complétement abandonnée aux soins de la nature.

Le fumier du bétail, généralement porté en terre à l'avant-dernier labour, est bien insuffisant pour engraisser convenablement les terres. On y ajoute à grands frais, et cependant d'une manière louable pour les agriculteurs du pays, la cendre de marais, le noir animal, les terres de jardins et même la chaux depuis quelques années. L'on a même essayé avec avantage, surtout dans les prairies humides, la suie de cheminée.

Le bocage est la seule contrée de l'arrondissement où les accidents de terrains, et sans doute aussi des soins agricoles mieux entendus, permettent les irrigations. De grands tra-

vaux d'art n'ont point été entrepris, mais l'on n'a pas moins
tiré parti des nombreux petits ruisseaux pour fertiliser les
maigres prairies. Cette branche importante de l'agriculture
laisse incontestablement encore beaucoup à désirer, et cependant nous ne pouvons nous empêcher de dire qu'il y a là un
progrès évident à signaler.

Le desséchement des prairies basses et marécageuses nécessiterait aussi des soins mieux entendus. Les dépenses
seraient, nous le croyons, facilement couvertes par l'augmentation et l'amélioration des produits.

La récolte des foins se fait dans le bocage de la même manière qu'en marais ; seulement la proportion plus considérable des bras relativement aux produits permet de mieux
soigner le fourrage. Le foin est là, comme en plaine, placé à
couvert dans des fenils ou des granges.

Tel est sans déguisement, avec franchise, l'état assez triste
peut-être de la culture de l'arrondissement de Fontenay. Par
l'exposé que nous venons de donner ici, l'on est presque conduit à admettre que l'avancement de l'agriculture, dans nos
contrées, est en raison inverse de la fertilité du sol. Cette différence nous semble tenir à plusieurs causes, en tête desquelles
nous devons placer la coopération d'un plus grand nombre
de propriétaires dans le bocage que dans les deux autres parties de l'arrondissement. Une plus grande masse d'intelligence et de capitaux sont, par le fait de cette coopération, répartis sur les diverses branches de l'agriculture du pays, et
l'on sait que ce sont là de puissants moyens d'amélioration
pour les pratiques agricoles comme pour toute autre industrie.

§. III.

Moyens généraux d'amélioration.

Le problème des améliorations agricoles est, sans contredit,
l'un des plus complexes qui existent. « Tant vaut l'homme,
« tant vaut la terre, » dit un vieux précepte, et nous pouvons
ajouter : « Tant vaut la terre, tant valent les animaux. » Il ne
nous appartient pas de traiter de la première partie ; à d'autres

que nous cette tâche immense ! Ce sont des améliorations du sol, ou plutôt de la culture, que nous devons exclusivement nous occuper ici. Cette tâche, déjà très-vaste et très-compliquée, nous allons l'aborder en n'ayant qu'un but unique : le progrès, susceptible seul de faire face aux exigences toujours croissantes d'une population de plus en plus considérable ; car nous disons, avec M. Rieffel : si l'on calcule la masse effrayante d'aliments qu'il faudra à la population de la France dans deux ou trois siècles, il est certain qu'on ne pourra l'obtenir qu'à l'aide d'améliorations dont nous n'avons peut-être aucune idée aujourd'hui.

Ce principe une fois posé, à quel système d'améliorations agricoles devons-nous nous rattacher ? Devons-nous, avec les Mathieu de Dombasle, conseiller exclusivement la culture alterne et la stabulation permanente ? ou bien conseillerons-nous, avec les Rieffel, les Villeroy, une agriculture moins brillante, susceptible de donner une masse moins considérable de produits bruts, mais plus de bénéfices nets ? Nous ne nions pas que l'agriculture de Mathieu de Dombasle ne soit appelée un jour, par le progrès des temps, à régner sur l'immense partie du sol de la France ; mais la conseiller partout aujourd'hui, ce serait commettre une faute, et une faute d'autant plus grave que des mécomptes nombreux en seraient l'inévitable conséquence. Or, en agriculture, où l'ignorance et sa compagne, la routine, régnent en maîtres, la non-réussite d'une innovation est un volumineux bloc de rocher placé sur la route de la locomotive du progrès.

Les assolements, cette partie fondamentale de l'agriculture, sont dans cet arrondissement susceptibles de grandes, d'importantes modifications. Dans le marais et dans quelques portions de la plaine, la succession de la jachère annuelle et de la culture des céréales entraîne chaque année, et sans aucune compensation, à des frais considérables de culture. En remplaçant, dès aujourd'hui au moins, une partie de la jachère par les racines sarclées et les récoltes étouffantes, on obvierait partiellement à ces inconvénients ; car les produits qu'on en retirerait permettraient d'élever un plus grand nombre d'animaux et compenseraient, surpasseraient même les dépenses qu'occasionnerait leur culture. En outre, l'on aurait l'avantage de faire donner à la terre de plus fréquents et de meilleurs labours, puis de la purger plus complétement des mauvaises et abondantes herbes qui l'infestent. Nous savons bien que, par la majorité des agriculteurs du pays, de telles améliorations seront considérées comme impraticables. La culture des racines fourragères est impossible, diront-ils; mais les carottes, les navets, les bettes champêtres croissent parfaitement dans les jardins et dans les mottes, partout où on les cultive, et peut-être pourrait-on les cultiver presque partout. La seule objection raisonnable que l'introduction d'une telle amélioration puisse trouver, c'est le manque de bras. Encore, comme ce nouveau mode de culture ne serait pas en grand et partout subitement introduit, il serait certainement facile de surmonter cet obstacle. Quant aux récoltes étouffantes, elles croîtraient parfaitement en marais et rapporteraient une grande quantité de fourrages. Des expériences faites sous nos yeux nous confirment dans ce que nous avançons ici, au moins pour la garobe (*vicia sativa*, L.).

La rotation forcée des récoltes de la plus grande étendue de la plaine a, depuis longtemps, toujours été la même. Comme le fait observer M. Tillier, elle indique que les cultivateurs ont toujours songé à leur nourriture, mais non à celle de leurs animaux. La succession de trois recoltes de céréales rend la culture épuisante pour le sol. L'assolement alterne conviendrait parfaitement à cette contrée : les racines fourragères y croissent bien, les prairies artificielles y donnent de grands produits, et la stabulation permanente y est en honneur. La jachère, cette plaie de l'agriculture, pourrait donc être progressivement exclue, si le morcellement des propriétés et la vaine pâture ne mettaient à ces innovations une barrière difficile à franchir. Des échanges entre les propriétaires, et peut-être même l'intervention du gouvernement, pourraient seuls les favoriser.

Si l'agriculture du bocage présente sur celle de la plaine et du marais, un degré de supériorité, sous le point de vue de la

manière dont sont exécutés les labours, et sous celui d'un meilleur aménagement des engrais, elle n'est guère plus avancée
sous le rapport des assolements. Il faut dire, cependant, que la
moins bonne qualité des terres ne permettrait de remplacer
la jachère qu'à l'aide d'une masse d'engrais, qu'il serait aujourd'hui impossible de se procurer. Des jachères permanentes, et la stabulation temporaire sont donc, pour la contrée
qui nous occupe, un mal pour le moment nécessaire. Seulement, il serait possible de diminuer progressivement la
quantité des terres incultes, en introduisant les prairies artificielles dans les terrains où elles sont susceptibles de croître.
Les racines sarclées pourraient recevoir une extension bien
plus considérable que celle qu'on leur donne aujourd'hui. Il
n'y aurait qu'avantage, puisque les raves, les navets, les
rutabagas, les betteraves, les choux, les pommes de terre,
y sont déjà cultivés avec un succès non contesté. L'expérience
prouve aussi que les récoltes étouffantes, pour être ou non
enfouies, peuvent être avantageusement propagées. Il est
peut-être inutile de revenir ici sur la double importance des
cultures dont nous demandons l'extension. Nous avons dit
déjà qu'elles avaient l'avantage d'épargner des frais considérables de labour. Mais ce que nous n'avons pas dit, c'est que,
par la masse plus considérable de fourrages que l'on obtiendrait, et conséquemment d'animaux que l'on pourrait nourrir, l'on aurait une plus forte proportion d'engrais. Par là,
l'on arriverait au but que Jacques Bujault se propose d'atteindre, quand il dit : « Si tu veux du blé, fais des prés. Ce
« n'est pas la terre que l'on cultive qui produit, mais celle
« que l'on fume. »

Les prairies artificielles, compagnes inséparables d'assole-
lements améliorés, sont loin de recevoir en Vendée toute
l'extension désirable. Le marais ne les connaît même que de
nom, le bocage n'en possède qu'une infime proportion, et en
plaine elles n'existent encore qu'en quantité trop peu considérable. Le terrain argileux et trop humide du marais ne convient
que très-peu, il faut le dire, à la plupart des plantes que l'on
cultive en prairies artificielles. La luzerne ne pourrait sans

doute y croître. Mais nous avons tout lieu de penser que le
trèfle des prés, que l'on rencontre à l'état spontané dans
toutes les prairies, serait susceptible, dans la plupart des circonstances, de donner d'abondants produits. Il existe à l'état
sauvage, dans toutes les prairies du littoral, un autre trèfle
que l'agriculture du pays pourrait, nous pensons, s'approprier avec avantage, c'est le *trifolium resupinatum*, L., dont
nous avons déjà parlé. Si des essais étaient faits avec cette
légumineuse, nous croyons que l'on pourrait compter sur une
réussite complète. L'ivraie vivace, qui forme aussi la base d'un
grand nombre de prairies, ne pourrait manquer de donner au
marais d'abondantes récoltes. Du reste, l'essai en a déjà été
fait dans le marais de Maillé, et les résultats ont dépassé toutes
les espérances.

Beaucoup de terrains, en bocage, sont susceptibles de recevoir de la luzerne ou du trèfle. Le sainfoin pourrait aussi
trouver sa place dans une bonne rotation. Nous pensons donc,
pour ce qui concerne ces plantes, que l'agriculture de cette
contrée n'a qu'à sortir du cercle vicieux de la routine, et à
mieux apprécier leur utilité. Nous voulons ici attirer l'attention des propriétaires agriculteurs sur un végétal qui ne peut
manquer de donner d'abondants produits, sur la spergule qui
y croît spontanément, avec une étonnante vigueur.

Pour ce qui concerne la plaine, nous n'avons qu'à engager
les agriculteurs à donner une extension de plus en plus considérable à la production des fourrages artificiels. Là le problème est aujourd'hui complétement résolu, chacun apprécie
leur utilité, et déjà certains cultivateurs ont plus du tiers de
leur exploitation en trèfle, luzerne ou sainfoin (Note 2).

C'est ici le lieu de dire que les prairies artificielles de nos
contrées sont privées de la plupart des soins que comporte
une agriculture bien entendue. Elles ne reçoivent aucun engrais. Les cultivateurs se persuadent, tout en appréciant
néanmoins sur les plantes le bon effet du plâtre, que ce produit fait tousser les animaux. Si cette idée a quelque chose de
fondé, elle ne peut venir que de la fâcheuse habitude d'étendre
le plâtre trop tard, alors que les plantes ont déjà pris un cer-

tain développement, et alors aussi que les pluies, moins fréquentes, ne peuvent plus complétement débarrasser de la
poudre qui les souille, les feuilles de la luzerne et du trèfle.
Généralement, les luzernières sont trop longtemps con-
servées ; il serait utile de les défricher après dix à douze ans
au plus. Les nouveaux frais d'établissement seraient amplement compensés par les produits plus considérables, soit en
céréales, soit en fourrages. Le trèfle des prés, cultivé chez
nous sous le nom de *trèfle de Hollande*, devrait être défriché
après la deuxième année ; car il est reconnu que les produits
diminuent la troisième année et sont presque nuls la quatrième.

Les labours, cette partie pratique de l'agriculture que l'on
ne peut que difficilement ériger en théorie, sont dans nos contrées très-souvent imparfaits. Ce sont ici les maîtres-valets,
les laboureurs qu'il faudrait instruire ; et, s'adresser avec des
livres à cette classe de la société, c'est évidemment devancer
l'époque. Par l'exemple seul, l'on parviendrait ici à d'importants résultats.

La trop grande aptitude qu'a le sol à conserver l'humidité,
comme aussi la résistance de la terre devenue sèche, rendent
les labours difficiles en marais. Le hersage est surtout souvent imparfait, et il pourrait y avoir avantage, ce nous semble,
à employer le rouleau simple et surtout le rouleau-hérisson.
On ne saurait trop recommander aux agriculteurs du marais
de veiller à la bonne construction de leurs charrues que souvent ils confient à des ouvriers inhabiles.

Nous pensons que le versoir droit, dont on se sert, pourrait
être remplacé avec avantage, par un versoir concavo-con-
vexe analogue à celui de la charrue de Dombasle.

La plaine et le bocage ont la préjudiciable habitude de ne
labourer, même dans les terres profondes, qu'à une très-
légère profondeur. L'on craint d'attaquer la couche de terre
que l'on n'a pas encore remuée et que l'on dit improductive.
Les labours profonds diminuent, il est vrai, la production
dans les premières années ; mais aussi, quand l'air a pénétré
cette terre vierge, quand le fumier et l'autre terre se sont mé-

langés avec elle, les récoltes poussent avec bien plus de vigueur, et c'est alors que se montrent tous les avantages. La charrue de ces contrées est mal construite, elle ne peut que déchirer la terre, écarter les racines, mais non les couper, les détruire. Le soc mousse serait, ce nous semble, avantageusement remplacé dans beaucoup de localités par un soc tranchant. C'est surtout pour le défrichement des pâtis que le besoin d'une meilleure charrue se fait sans cesse sentir. La charrue *Rosé*, la charrue de Dombasle, la charrue à tourne-oreille, etc., ont été plusieurs fois essayées, leur avantage a été positivement reconnu, pourquoi alors ne pas les propager, ne pas même les employer à l'exclusion de celle du pays?

Les sarclages que nos cultivateurs exécutent sont presque toujours imparfaits; aussi les blés de nos pays sont-ils très-souvent altérés par l'abondance des mauvaises graines qu'ils contiennent. Quelquefois encore un accident bien plus grave se produit; les blés versent, et alors l'agriculteur perd dans quelques jours, ceci souvent par sa faute, les fruits des longs et pénibles travaux d'une année tout entière. Le trefuage, dispendieux il est vrai, pourrait partout où les mauvaises herbes abondent être employé avec avantage. Dans le marais même, des essais ne seraient peut-être pas infructueux, s'ils étaient faits au moment où la terre présente le moins d'humidité.

Les engrais, dont la bonne distribution est si importante en agriculture, auraient besoin d'être employés chez nous d'une manière plus favorable à une plus grande fertilisation du sol. Le fumier est généralement placé dans des lieux élevés, de l'hiver à l'automne suivant. Cette disposition est sans doute favorable sous le rapport de sa prompte putréfaction, mais aussi elle est on ne peut plus désavantageuse sous celui de la perte du suin, et conséquemment de la diminution de l'engrais. Nos agriculteurs se persuadent y gagner en laissant pourrir leurs fumiers avant de les distribuer dans les champs. S'ils calculent sur l'égalité de volume et même de poids, il est bien clair qu'une pleine voiture d'engrais bien consumé contiendra plus de parties végétatives qu'une égale quantité de fumier non encore dans un état avancé de putréfaction. Mais un tas de fumier étant donné, il produira plus d'effet en l'employant avant qu'après sa putréfaction. La raison en est sans doute simple ; la fermentation putride se faisant au sein de la terre, les parties volatiles, loin de se disperser dans l'atmosphère, se combinent pour la plupart avec la couche extérieure du sol.

Partout on laisse perdre le suin. Aucun agriculteur de nos contrées n'a, que nous sachions, encore eu l'intention d'utiliser sérieusement cet important produit. Si le fumier est placé dans un lieu bas, on s'empresse généralement de faire une rigole pour éloigner ce liquide immonde. C'est par exception qu'on le dirige sur les prairies voisines, en compagnie de toutes les eaux des égouts de la ferme. Si les fosses à purin semblaient trop coûteuses, il serait cependant facile de creuser un trou près du fumier, et d'y placer de la terre que le suin imprégnerait. Notre agriculture est encore bien loin du temps où l'on pourra espérer voir employer, comme engrais, la chair des animaux morts.

Le fumier de la ferme est le seul engrais employé en plaine, bien que le peu d'animaux qu'entretient chaque cultivateur le rende insuffisant pour engraisser convenablement les terres. On l'affecte à peu près exclusivement à la sole de froment. Les agriculteurs reculent devant les dépenses qu'occasionnerait l'achat d'engrais autres que ceux que leurs animaux produisent. Il en résulte que les fumiers des villes, en particulier ceux de la remonte de Fontenay, ne trouvent qu'un débit très-difficile (ils ne se vendent qu'avec peine deux centimes la ration). L'agriculture du bocage est plus avancée sous ce rapport, car, ainsi que nous l'avons dit, l'on se procure à grands frais de la cendre de marais, du noir animal, de la terre de jardin et même de la chaux depuis quelques années. L'on se contente généralement de jeter ce dernier engrais sur le sol. Il y aurait cependant avantage à en faire un mélange ainsi composé : une couche de fumier, une couche de terre, puis une couche de chaux recouverte par une autre couche de terre et ainsi de suite. Jacques Bujault qui recommande ce mode d'emploi, conseille de mélanger le tout et de le conduire dans les terres après avoir laissé, pendant quelques temps, réagir les uns sur les autres les éléments de ce mélange.

On ne saurait trop recommander aux cultivateurs l'usage des engrais. Que les frais d'achat ne les retiennent pas; ils seront toujours amplement compensés par les produits qu'on en retirera.

C'est sans doute à tort que l'on considère le fumier comme nuisible en marais. Un pré nouvellement défriché produit beaucoup, le blé croît très-bien dans les jardins, le parcage des moutons est usité. Or, les jardins sont fumés, la couche extérieure des prés est analogue à du fumier bien consumé et le fumier des moutons, que nous sachions, n'a pas d'effet inférieur à celui des autres animaux domestiques. Du reste, les engrais ont été employés même en grand, et jamais les récoltes n'ont eu complètement à en souffrir. Elles ont été, au contraire, généralement plus abondantes. Il faudrait seulement, avec l'emploi du fumier, des racines sarclées et de meilleurs sarclages pour détruire les mauvaises herbes plus abondantes. L'objection fondamentale contre l'emploi du fumier comme engrais en marais est, sans contredit, le manque de bois et la difficulté de se procurer d'autres combustibles. Cependant le prix de la houille ne nous paraît, certes, pas un motif d'exclusion. Nos agriculteurs se persuadent que les récoltes enfouies n'ont point la faculté de remplacer les engrais des fermes. Nous ne saurions cependant trop les leur recommander, car il est reconnu que l'enfouissage du lupin blanc équivaut à 75,000 demi-kilogrammes de fumier par hectare, la garobe noire à 50,000 et le sarrazin à 45,000.

Un certain nombre de plantes dont l'agriculture a fait la conquête depuis quelques années, pourraient avec avantage trouver une place dans les assolements. Beaucoup de plantes oléagineuses ou industrielles offriraient aux agriculteurs le moyen de réaliser quelques bénéfices. Ces végétaux ne conviendraient pas partout, ceci est incontestable. Mais de ce que l'agriculture est une science toute d'expérience et de lo-

calité, pourquoi ne pas les cultiver en petit? Pourquoi les
exclure sans les connaître? La masse des agriculteurs n'en-
tendra point de semblables paroles, nous le savons ; mais les
propriétaires instruits qui s'occupent d'agriculture sont trop
sages pour ne pas comprendre tout le parti qu'il est peut-être
possible de tirer de certaines espèces végétales, dont la culture n'a point encore pénétré chez nous.

Il nous semble que l'on peut aussi, au sujet de la récolte
des grains, recommander dans nos contrées les machines
propres au dépicage. Il y aurait dans leur emploi un immense
avantage sous le rapport de l'économie. La classe des travailleurs, nous le savons, se plaindrait de cette mesure, mais il
est douteux qu'elle produirait autant de mal qu'on le veut bien
dire, en face surtout du manque incontestable de bras. Du
reste, nous ne voudrions pas cette amélioration à l'exclusion
des autres. Il faut que tout le monde puisse travailler pour
vivre ; et, dans la propagation des racines sarclées, l'on trouverait des éléments suffisants de travail pour employer amplement, au temps du dépicage, la population croissante (NOTE 3).

Les prairies naturelles qui font, dans l'état actuel de l'agriculture, la principale richesse des marais et sont d'une si
grande utilité à quelques portions du bocage et même de
la plaine, ne sont ici soumises à aucun des soins importants qu'on leur prodigue dans quelques portions de la
France. Les irrigations sont presque toujours négligées et
souvent nulles. Non-seulement les engrais, entièrement destinés à la culture des céréales et à l'usage du foyer domestique, en sont complétement exclus ; mais le fumier que le
bétail y dépose en pâturant en est même enlevé dans la plupart des cas, pour être aussi brûlé sous le nom de *bouzes-de-
carré*. Il est vrai, et ceci est parfaitement reconnu aujour-
d'hui, que l'air fournit aux végétaux des prairies, particulièrement aux légumineuses, une grande partie des matériaux
de la nutritrion. Mais il ne s'en suit pas moins que si la terre,
sous le point de vue de la végétation, peut être considérée
comme une mine rigoureusement inépuisable, il ne s'en suit
pas moins que, toujours lui enlever sans rien lui rendre, est

le moyen inévitable de diminuer considérablement ses produits. Les levées des fossés de marais seraient très-avantageusement répandues dans l'intérieur des prairies. Il serait peut-être utile que les frais fussent faits par les propriétaires eux-mêmes. Les fermiers sont bien peu disposés à faire des dépenses assez considérables pour améliorer des propriétés dont ils savent que les prix de ferme augmenteront en raison des améliorations. Dans les prairies un peu basses, une mousse souvent abondante entoure le pied des graminées et diminue considérablement les produits par suite de son action parasite, et par l'obstacle qu'elle oppose à la sortie des jeunes pousses. Un hersage fait au printemps serait, dans ce cas, on ne peut plus salutaire. Rien ne s'oppose à son exécution. Les cynarocéphales et les chrisanthêmes infestent la plupart de nos prairies, et rien n'est fait pour les détruire. Un simple sarclage exécuté avant le complet développement des fourrages ferait aisément disparaître la plupart de ces mauvaises plantes. La fauchaison devrait avoir lieu, non pas après la dessiccation des plantes, mais bien au moment de la floraison. Le foin coupé, alors que les plantes ont acquis tout leur développement, permet bien de récolter une plus grande quantité de produits que quand la fauchaison a lieu au moment de la floraison ; mais aussi quelle différence entre le fourrage jaune, dur et peu odorant que l'on obtient dans le premier cas, et le foin verdâtre, tendre et à suave odeur, provenant d'une coupe faite en temps opportun. Les animaux, du reste, savent mieux que nous faire la différence, et ne manquent pas d'accorder une préférence marquée au fourrage obtenu dans cette dernière circonstance. Il serait aussi utile d'apporter un peu plus de soins dans la fanaison et de ne laisser, dans les prairies, le foin en meules qu'un temps très-court. Il est incontestable qu'un séjour d'un mois et plus sur les lieux de la récolte ne peut manquer d'amener, par les intempéries, une altération plus ou moins considérable. Nous savons bien que le manque de bras est un grand obstacle à ces améliorations, mais on en conviendra, la négligence y est pour beaucoup aussi. Peut-être pourrait-on, dans notre pays, faire avec avantage du foin brun comme en Allemagne. Ce procédé ne permettrait que plus difficilement l'altération du fourrage par les pluies de juin et de juillet.

Nous ne reviendrons pas ici sur les désavantages de la jachère et l'utilité de sa disparition successive; ce qui a été dit au sujet des assolements suffit pour donner de ceci une preuve incontestable.

La vaine pâture, cette autre plaie de l'agriculture, a, comme nous l'avons dit, l'inconvénient de retarder les progrès agricoles, d'empêcher le changement des assolements. Les propriétaires ne peuvent pas, à leur gré, cultiver les terres qu'ils exploitent. Chaque année, le conseil général du département demande l'abolition de la vaine pâture, et nous appelons de tous nos vœux l'adoption d'une loi qui fasse cesser cette coutume que ne justifie aucune disposition législative. Nous nous demandons si, la vaine pâture étant reconnue pour un droit acquis par la jouissance, il ne pourrait pas être accordé aux propriétaires le privilége de racheter ce droit au profit des communes.

Les communaux forment aussi une question très-importante d'amélioration. Ici, encore, le conseil général du département demande chaque année leur suppression; mais nous doutons que les honorables propriétaires, qui composent ce conseil, agissent alors d'après les vœux de la majorité des communes où se rencontrent les biens communaux. Les énormes et improductives landes communales du bocage, auxquelles se rapportent tous les inconvénients que l'on reproche aux communaux, devraient cesser d'être vagues et communes, nous en convenons. Mais dans le marais, où l'immense majorité des propriétés communales forme de fertiles prairies nourrissant chaque année un grand nombre d'animaux qui, presque tous, appartiennent à la classe des prolétaires, il y aurait un préjudice immense à en exiger la suppression.

D'abord, quelles raisons peut-on évoquer en faveur de l'abolition des communaux? Dira-t-on qu'ils sont mal entretenus? Mais ils le sont tout aussi bien que les propriétés voisines; mais ils sont, au contraire, l'objet de la sollicitude continuelle des conseils municipaux. Peut-on dire que ces terrains sont sans aucun rapport? Non, certes, car le nombre des animaux qu'ils nourrissent est considérable ; et, considération importante, ces animaux appartiennent presque tous aux malheureux des communes pour lesquels ils sont d'une immense ressource. Objectera-t-on que les animaux y trouvent une nourriture insuffisante? Mais les conseils municipaux peuvent, à leur gré, augmenter ou diminuer le nombre des animaux qui y pâturent.

Beaucoup de communaux offrent une étendue trop considérable : il en est de 300 à 400 hectares. Il serait utile, selon nous, de diminuer leur étendue et d'employer la portion vendue à quelque chose qui pût être utile aux malheureux cultivateurs de la localité : à un établissement de bienfaisance, à une maison de travail, à une banque agricole même. Il est, en effet, des communes où il est permis de conduire au communal cinq ou six pièces de bétail par feu. Dans la commune de Lairoux, on peut même en conduire huit. Or, comme les conseils municipaux ont, en général, l'habitude de défendre à ceux des habitants qui n'ont point le contingent de se le procurer en dehors de leurs ressources, il en résulte nécessairement que les riches propriétaires et les fermiers peuvent seuls fournir le nombre prescrit : le prolétaire ne peut y envoyer que la vache ou la jument qu'il possède. Les grands communaux sont donc incontestablement à l'avantage des grands propriétaires , et ce n'est certainement point le but que s'étaient proposé les anciens seigneurs de la Vendée, quand ils firent aux communes la concession des terrains qui nous occupent. Il nous semble que réduire les propriétés communales à un hectare par feu serait plus que suffisant dans l'intérêt général des habitants des communes.

Si le vœu du conseil général est exaucé sans restrictions, si non-seulement les landes communales du bocage, dont la vente est sans doute utile, mais aussi les fertiles communaux du marais sont supprimés en tant que propriétés communes, quels seront les moyens à l'aide desquels on pourra, en toute justice, arriver à cette suppression ? Partagera-t-on les communaux entre les habitants? Ce mode flatterait, il est vrai, beaucoup de prolétaires qui, par ce fait seul, deviendraient propriétaires. Mais il aurait un inconvénient immense ; dans quelques années seulement, beaucoup de ces pauvres gens se seraient défaits de leur portion et se trouveraient alors plus pauvres que jamais. Vendra-t-on les communaux et partagera-t-on le produit entre les habitants des communes? Ce procédé aurait encore de plus grands inconvénients, car l'argent s'écoule bien plus vite que les terres. Nous ne parlerons pas des droits que le gouvernement pourrait avoir de s'approprier les biens communaux, attendu que ces droits sont nuls sans aucun doute. La concession de ces terrains fut faite aux communes; en toute propriété, ils leur appartiennent donc. Serait-il avantageux d'affermer les propriétés communales au profit des communes? Ce mode aurait l'avantage de conserver ces propriétés aux communes, et de permettre de revenir sur cette mesure si on le jugeait convenable. Seulement, le prix de ferme serait loin d'être en rapport avec la valeur de la propriété. Puis, en outre, étant confiées à des spéculateurs, ces terres s'altéreraient bien plus sûrement qu'elles ne s'amélioreraient.

Enfin, vendra-t-on les communaux au profit des communes? Ce serait, nous le pensons, le moins mauvais de tous les modes. Seulement, il serait utile que le produit de la vente fût employé de manière à soulager plus particulièrement la classe pauvre. L'établissement de maisons de travail serait, par exemple, une excellente institution. On emploierait là les cultivateurs, mais seulement pendant la morte-saison, et toujours à un prix inférieur à celui de l'agriculture, afin de ne pas lui faire de concurrence. L'on objectera, nous le savons, que nos paysans ne feraient que difficilement d'excellents ouvriers de manufacture. Mais, disons-le d'abord, nous voudrions dans ces maisons de travail quelque chose de simple, de facile à exécuter. Beaucoup de nos paysans sont à la fois agriculteurs et tisserands : qu'on y fabrique de la toile, qu'on y file du lin, de la laine, etc. La fabrique ne serait pas tenue à faire de grands bénéfices ; qu'elle suffise à son entretien en faisant travailler les malheureux campagnards désœuvrés, et le but sera rempli. Du reste, ce que nous proposons ici, n'est, certes, point la seule solution que nous semble avoir cet important problème. La vente partielle ou totale des communaux pourrait, en facilitant la création du crédit foncier, porter un coup mortel à l'usure, cette plaie profonde des campagnes, ce ver rongeur dont les blessures sont d'autant plus dangereuses qu'il glisse et s'échappe des mains de qui veut l'atteindre.

Il est des prairies qui, à proprement parler, ne sont communales que depuis la levée du foin jusqu'au 1er mars, puis deviennent ensuite propriétés particulières pendant quatre mois, à peu près. Ces communaux rentrent, bien entendu, dans le régime de la vaine pâture. Tout ce que nous avons dit à ce sujet leur est applicable; nous n'y reviendrons donc pas.

Les propriétaires de l'arrondissement de Fontenay, et plus particulièrement ceux du marais, ont la fâcheuse habitude de mettre tous les impôts à la charge des fermiers. Ils gagnent en apparence de faibles sommes et font en réalité des pertes considérables. En effet, les fermiers qui, à peu près exclusivement, composent les administrations communales, s'efforcent de ne faire chaque année que de légères réparations aux routes et aux chemins vicinaux. Ils évitent toujours les grandes dépenses, susceptibles de produire de grandes améliorations, il est vrai, mais dont les principaux avantages seraient pour les propriétaires. C'est particulièrement pour les impôts destinés à l'entretien et à l'amélioration des desséchements du marais que cette mesure devient totalement vicieuse. Si les propriétaires qui n'assistent que rarement aux réunions des sociétés de marais, et qui, y assisteraient-ils, ne sont pour la plupart pas assez localistes pour désigner les travaux à exécuter; si, disons-nous, les propriétaires se chargeaient des impôts extraordinaires, les fermiers seraient alors les premiers à désigner les travaux susceptibles de produire de l'amélioration. Les desséchements seraient donc plus parfaits, et les propriétés augmenteraient de valeur. Que l'on ne croie pas que ceci soit une simple récrimination; les desséchements sont aujourd'hui trop négligés, et c'est cependant

là la base fondamentale des améliorations, le point de départ
d'une meilleure culture.

Voilà, ce nous semble, les améliorations agricoles les plus
urgentes à introduire. Nous leur avons donné ici un léger
développement, parce qu'elles ne peuvent être, comme nous
l'avons dit plus haut, sans influence sur l'augmentation du
nombre des animaux et sur leur amélioration. Mais leur adoption complète demande bien du temps encore ; et, cependant,
de quelle immense utilité ne seraient-elles pas ? Que de nombreux avantages on y trouverait !

Quelques agronomes distingués se sont occupés des moyens
de hâter le progrès. Jacques Bujault voudrait que, dans
chaque canton, il y eût un comice agricole relevant de celui
de l'arrondissement. Tous les propriétaires pourraient, moyennant une cotisation de 5 francs, faire partie du comice, et
tous s'engageraient, en en faisant partie, à établir, comme
conditions des baux, telles ou telles améliorations à introduire
et qu'aurait désignées le comice.

D'autres pensent que la prolongation des baux à ferme,
permettant aux fermiers d'entreprendre et de retirer le fruit
des améliorations, serait aussi un excellent moyen. Mais
chez nous les longs baux ne sont point à la mode, et il serait
probablement très-dificile de les faire adopter tant par les
fermiers que par les propriétaires.

Pour M. Darblay, un des plus puissants agents du progrès
se trouverait dans la faculté qu'une nouvelle législation accorderait aux fermiers de jouir seuls du produit des améliorations
qu'ils auraient fait exécuter. En conséquence, une estimation
de la propriété serait faite, à l'entrée du fermier, puis une
expertise serait ensuite de rigueur à sa sortie, et le propriétaire
serait tenu de rembourser l'excédant de la valeur première, ou
bien de consentir à une prolongation de bail, de manière à
faire passer cette plus-value entre les mains du fermier.

Il nous semble que l'établissement des fermes-modèles
serait, de tous les moyens, le plus apte à hâter le progrès. Nos
cultivateurs n'ajoutent trop souvent pas foi à ce que contiennent les livres : « Faites de l'agriculture par calculs et

« vous vous tromperez, disent-ils. » Mais qu'on leur montre
l'exemple, qu'on leur prouve matériellement, en écrivant sur
le sol, selon une heureuse expression du patriarche de l'agriculture poitevine, que les moyens que l'on propose sont les
meilleurs, et ils croiront à l'efficacité de ces moyens, et l'agriculture progressera. On peut se faire une idée de l'influence
de l'exemple, sur la manière de cultiver, par cette seule réponse de nos paysans quand on leur parle d'améliorations
culturales : « Maître N...., qui s'y entend, ne fait pas de
même. »

Il serait utile, bien entendu, que ces fermes ne fussent pas
entretenues avec luxe, à grands frais, mais avec simplicité,
comme la généralité des exploitations qui devront les prendre
pour modèles. Il faudrait que non-seulement elles pussent
s'entretenir elles-mêmes, mais en outre faire quelques éco-
nomies, tout en ne négligeant ni les améliorations de la culture, ni celles des animaux domestiques. Il serait enjoint aux
directeurs de ces exploitations de montrer à qui le désirerait
les registres de la ferme, afin que chacun pût connaître les
avantages des nouveaux modes de culture. Les ouvriers ne
pourraient y rester qu'un temps déterminé, trois ou quatre
ans par exemple, et à leur sortie on leur délivrerait, selon
leur mérite, des certificats constatant leur aptitude aux travaux agricoles. De préférence à tout autre, ils seraient alors
recherchés par les agriculteurs, qui trouveraient en eux d'habiles ouvriers en même temps que des hommes doués de quelques connaissances hygiéniques assez approfondies. Les
fermes-écoles seraient le point de départ de toutes les améliorations agricoles ; de leur sein sortiraient sans cesse des animaux améliorés, susceptibles de modifier avantageusement
nos races. (Note 4.)

CHAPITRE II.

DU CHEVAL.

§ Ier.

Races chevalines de l'arrondissement. — Statistique. — Origine. —
Hygiène des reproducteurs et des produits. — Causes de la diminution
du volume des chevaux mulassiers. — Effets, sur nos races chevalines,
de la succursale-dépôt de remonte de Fontenay, des courses de Luçon et
de la distribution annuelle des prix et des primes. — Commerce auquel
donnent lieu les chevaux de l'arrondissement.

Races chevalines de l'arrondissement.

La Vendée peut être considérée comme l'un des départements où la production chevaline offre le plus d'importance sous le rapport du nombre et sous celui même de la valeur des produits. Si jusqu'ici notre département a été placé au second ou au troisième rang, c'est parce que l'on n'a pas assez considéré que beaucoup d'animaux vendus comme berrichons, beauçois et même normands, étaient d'origine vendéenne. Et croit-on, par exemple, que la grande majorité des animaux achetés par le dépôt de remonte de Saint-Maixent soit née dans le département des Deux-Sèvres, où la production chevaline est très-restreinte! Ce sont en partie nos produits que les agriculteurs de ce pays nous ont enlevés à l'âge de un an à quatre ans même. L'exportation considérable pour les deux Charentes nous donne la certitude qu'il en est à peu près de même pour les dépôts de remonte qui desservent ces contrées.

Nous aurons occasion de voir plus tard que l'arrondissement de Fontenay marche au premier rang, dans la Vendée, sous le point de vue du nombre des animaux de l'espèce chevaline. Nous pouvons dire ici que, bien que les chevanx n'y prédominent point sous le rapport numérique, ils n'en sont pas moins, vu leur valeur individuelle plus considérable, une des sources principales des richesses agricoles.

La circonscription qui nous occupe dans ce mémoire présente, à proprement parler, deux races chevalines seulement : celle du marais et de la plaine, et celle du bocage. Nous reconnaîtrons donc l'existence de ces deux types, bien que, dans les localités où ils existent, l'on rencontre en outre des chevaux de toute sorte, depuis le cheval de course, rare il est vrai, jusqu'au bidet d'allures ; depuis le beau carrossier jusqu'au gros cheval de trait ; depuis le cheval d'officier supérieur jusqu'à celui du train des équipages. Ces différents animaux se sont tellement croisés et mélangés entre eux, qu'il est souvent impossible de retrouver intact le type véritable, au moins pour la race de la plaine et du marais ; aussi croyons-nous utile, pour ce qui concerne cette race, de faire connaître les caractères que les cultivateurs du pays estiment le plus, et ceux qui manquent le plus ordinairement. Ce mode nous semble avoir l'avantage de signaler les formes que l'on doit rechercher, en même temps que les caractères de la race ; tandis qu'une description, aussi parfaite qu'on la pourrait faire, resterait peut-être sans un modèle vivant ponctuellement exact. Le cheval du bocage est seul assez bien conservé pour que nous puissions nous permettre d'en faire une description.

Les éleveurs du marais recherchent dans un cheval des formes massives, une peau épaisse, de gros crins ; l'on veut une tête carrée, plutôt lourde que légère, une encolure épaisse et un peu rouée, des reins larges, une croupe énorme et oblique, des membres forts et chargés d'épais fanons, des jarrets larges et bien évidés ; l'on estime assez des yeux larges et expressifs, et les pieds plats, évasés, sont loin d'être un motif d'exclusion.

Depuis quelques années, l'influence de la mode, le désir des chevaux fins, s'est aussi chez nous légèrement fait sentir. L'on ne dédaigne plus aujourd'hui des animaux moins massifs, moins membrés, à tête moins lourde, en un mot plus propres au trait léger ou à la selle ; mais l'on veut surtout de la taille, et l'on méprise les vrais chevaux de race, ceux dont l'accroissement est lent, le développement tardif.

Les chevaux que dans le pays l'on considère comme parfaits, c'est-à-dire ceux qui réunissent à peu près tous les caractères dont nous venons de parler, deviennent de jour en jour plus rares. On ne trouve aujourd'hui que bien peu de ces gros chevaux de trait, de ces animaux de la race mulassière. En outre, beaucoup de nos produits manquent par les membres : les aplombs laissent surtout beaucoup à désirer. On rencontre beaucoup de genoux effacés, de jarrets trop droits ou portant des jardons. Les hydropisies héréditaires ou constitutionnelles des capsules synoviales sont aussi très-communes. Les yeux petits, que l'on a décrits comme un caractère de la race, se rencontrent réellement quelquefois ; et enfin la tête busquée, jadis très-commune, est aujourd'hui très-rare.

En plaine, l'on recherche des formes en tout analogues à celles que nous avons citées plus haut, seulement les animaux qui restent dans cette localité jusqu'à l'âge adulte, n'atteignent pas un aussi grand développement que ceux qui, dès leur bas âge, sont abandonnés dans les gras pâturages du marais ; puis, soumis trop prématurément à un travail souvent excessif, ils sont encore plus sujets aux déviations des aplombs et aux tares des membres.

Les petits chevaux du bocage se distinguent par une tête lourde et carrée, une encolure un peu mince et droite, un dos voussé, tranchant, une croupe de mulet, des membres forts et pourvus de fanons. Leur taille ne dépasse guère 1 mètre 45 centimètres. Ils ont généralement un tempérament sanguin, encore beaucoup d'énergie malgré leur misère, et surtout beaucoup de résistance à la fatigue. Ces petits animaux, dont on pourrait faire d'excellents chevaux de cavalerie légère, en modifiant quelques-uns de leurs caractères par de bons croisements, et en élevant leur taille par une nourriture plus abondante, sont pour la plupart employés au service du bât, et quelques-uns au service de la selle. Leur nombre n'égale guère que la moitié des chevaux du bocage : le reste appartient à des races très-diverses. D'une valeur très-médiocre, les sujets de la petite race ne sortent que rarement du pays et appartiennent, en grande partie, aux propriétaires peu aisés de la localité, ou bien encore aux marchands de bois ou de fruits.

Statistique.

On peut compter dans l'arrondissement de Fontenay-le-Comte environ 16,500 animaux de l'espèce chevaline de tout âge et de tout sexe. En faisant le recensement au milieu de l'hiver, c'est-à-dire au moment où le commerce est inactif, au moment où à peu près toutes les ventes sont faites et où les cultivateurs ne possèdent plus à proprement parler que les animaux de la ferme, on les trouverait à peu près ainsi répartis. En marais 600 à 700 poulinières, 1,000 à 1,100 poulains atteignant leur deuxième année, et dont 700 à 800 ont été produits par le marais lui-même ou achetés en plaine à l'âge d'un an ; le reste est né hors de l'arrondissement, la plus grande partie dans le marais occidental. On rencontrerait aussi dans ce pays à peu près 400 pouliches du même âge, dont un cent environ a été acheté à l'âge d'un an ; puis 1,100 à 1,200 poulains d'un an, des deux sexes, tant produits qu'achetés jusqu'à ce jour. En plaine, il existe environ 1,800 à 2,000 juments, affectées à la reproduction du cheval, et 4,500 à 5,000 à celle de la mulasse. On peut en outre y compter à peu près 400 pouliches de deux ans, presque toutes destinées à entretenir le cheptel mulassier, et environ 700 à 800 jeunes animaux, la plupart n'ayant pas encore atteint l'âge d'un an. Dans ces deux divisions de l'arrondissement, on peut aussi compter 1,500 animaux à peu près, uniquement affectés soit au service du gros trait, soit à celui de voiture, soit enfin au service de la selle. Dans ce nombre nous entendons aussi comprendre les 50 ou 60 étalons qu'entretient l'industrie particulière. Le bocage ne possède pas plus de 4,000 chevaux ou juments, dont une petite quantité est affectée à la reproduction de l'espèce et dont le reste sert à divers usages.

Jusqu'ici nous avons vu déjà beaucoup d'évaluations du nombre de nos animaux, mais toutes nous ont paru exagérées. Il y a déjà quelques temps, le journal des haras publia un article dans lequel on portait de 18,000 à 20,000 le nombre des poulinières de notre département. Cette évaluation, peut-être bien aussi un peu exagérée, est néanmoins la seule que nous croyons se rapprocher de la vérité. Nous avons vu que l'arrondissement de Fontenay possédait un peu plus de 7,500 poulinières ou mulassières, et il y a lieu de penser que c'est là bien près de la moitié du nombre total des juments du département destinées à la reproduction. Car si l'on en excepte le marais de Saint-Gervais où l'élève de l'espèce chevaline est très-étendue, il faut en convenir, mais dont la contenance n'est que de 30,000 hectares, le reste du département, sur ce point à peu près en tout analogue au bocage de l'arrondissement de Fontenay, n'augmente que bien peu le nombre. Ainsi nous croyons qu'en portant à 16 ou 17,000 le nombre des juments affectées à la reproduction dans notre département, on ne s'éloigne que bien peu de la vérité.

Il résulte donc de nos évaluations que dans les communes du marais où l'on peut compter de 3,500 à 4,000 chevaux, il existe à peu près un de ces animaux par 14 hectares et par six habitants. En plaine, le nombre de 8,500 à 9,000 animaux de l'espèce chevaline porte la proportion à un peu plus d'un de ces animaux par huit hectares, et de deux par 13 habitants. Enfin, en bocage il n'existe guère plus d'un cheval par 21 hectares et par 12 habitants.

Origine.

L'origine des races chevalines se perd souvent dans la nuit des temps; et, si l'on admet que le coursier d'Arabie a une essence analogue à celle des gros et massifs chevaux boulonnais ou poitevins, il faut admettre aussi que, pour amener dans leurs formes des changements si grands, dans leur tempérament des différences si considérables, l'influence des localités a dû agir d'une manière bien plus puissante qu'on ne semble généralement le croire. Nous ne croyons pas que l'on soit obligé de remonter si haut pour constater l'origine de notre race chevaline du marais et de la plaine. A une époque peu reculée encore, la mer recouvrait plus ou moins complétement les marais. Or, au milieu de ces vases mouvantes, nul animal domestique ne pouvait trouver, ni même chercher une nourriture suffisante. Sous le règne d'Henri IV, comme nous l'avons dit déjà, la concession des marais non desséchés fut faite à des Hollandais et à des Flamands. Il est donc raisonnable d'admettre qu'après avoir assaini le marais, l'avoir défendu de l'abord de l'Océan par des digues, et avoir creusé des canaux destinés à transporter à la mer les eaux pluviales trop abondantes, ils voulurent aussi cultiver cette terre vierge et la peupler d'animaux domestiques. Alors ils introduisirent chez nous leurs lourds chevaux du Nord, auxquels du reste convenait parfaitement le climat du marais ainsi que l'herbe abondante et aqueuse qu'on y trouve. Ainsi, quoique tous les auteurs se soient tus sur la provenance de notre principale race chevaline, on peut, nous pensons, la considérer comme d'origine flamande. Du reste, il n'existe pas entre les chevaux flamands et ceux de la race mulassière des différences tellement grandes pour qu'on puisse, avec avantage, les évoquer contre cette opinion. Il est vrai que les chevaux du marais sont aujourd'hui généralement moins massifs que les flamands ; mais nous verrons bientôt que nos gros chevaux ont été plus nombreux jadis, et que les nouveaux procédés d'éducation, joints aux desséchements de plus en plus considérables, tendent encore chaque jour à diminuer leur volume. En outre, les animaux des races primitives de la plaine et même du bocage n'ont peut-être pas été non plus sans influence sur cette diminution primitive. Enfin, peut-être est-il permis d'admettre aussi que de légères différences entre le climat du marais et celui des Pays-Bas ont pu contribuer à ces changements.

Il est aussi un autre point sur lequel nos animaux diffèrent des flamands, c'est sous le rapport de la production de la mulasse. On conçoit qu'il est difficile de remonter à la cause de cette différence ; car de même que l'on ne connaît que par l'expérience la supériorité de nos juments mulassières, par l'expérience seule aussi l'on peut connaître l'infériorité des autres races. M. Leroux, banquier à Paris, a, depuis quelques années, placé une jument belge dans ses propriétés de

Saint-Michel en-l'Herm. Saillie par un étalon du pays, elle donne chaque année des produits énormes. L'an dernier, un de ses poulains, âgé de deux ans, fut, dans le but d'en faire un étalon mulassier, acheté pour le compte de la société d'agriculture des Deux-Sèvres la somme de 1,800 fr., malgré qu'il eût, dit-on, d'énormes vessigons. Cette année, un autre de ses poulains, aussi âgé de deux ans, a été vendu à Fontenay la somme de 900 fr. Nous ne savons pas si l'on aura à se louer des produits de ces animaux pour la production de la mulasse. Il serait curieux de s'assurer de la valeur productive des femelles qui naîtront de leurs saillies ; et, si tout ce que l'on a dit jusqu'à ce jour pouvait être considéré comme de simples préjugés, l'on aurait là un puissant et facile moyen d'amélioration pour notre grosse race chevaline.

Nous avons dit que les chevaux de la plaine étaient de la même race que ceux du marais, et que c'était la première de ces contrées qui faisait naître les poulains qu'élevait la seconde. Il est donc inutile de chercher une origine différente pour les chevaux des plaines calcaires : les différences de volume qui existent peuvent parfaitement s'expliquer, si l'on jette un coup d'œil sur le climat et sur les procédés hygiéniques mis en usage dans ces contrées.

Il est à peu près impossible de remonter à l'origine des petits chevaux du bocage. C'est là sans doute la race primitive du pays sur l'essence de laquelle on ne peut avoir aucune donnée même approximative.

En faisant ici une petite digression à notre sujet, nous pensons que l'on peut faire remonter les races des animaux du marais de Saint-Gervais à une origine analogue à celle des races normandes, avec lesquelles du reste elles ont quelques analogies. D'après un article de M. Mourain de Sourdeval inséré dans la statistique du département, il paraîtrait constant que les peuples du marais occidental sont d'origine northmane : quelques particularités dans le langage et la physionomie des habitants semblent l'indiquer. Il ne serait donc pas étonnant non plus qu'alors ces aventuriers, ces hommes de pillage aient, en se fixant dans les alluvions de la

Loire, amené avec eux leurs animaux du Nord, ou tiré de la Neustrie la souche de leurs belles races.

Hygiène des reproducteurs et des produits.

Les procédés hygiéniques aujourd'hui mis en usage en marais présentent certaines particularités qu'il est important de faire connaître, car de leur connaissance et de celle du climat découlent nécessairement l'appréciation exacte du tempérament des animaux, ainsi que beaucoup d'autres particularités dont nous nous occuperons plus tard.

La monte des juments du marais se fait en liberté dans les pâturages. Jamais alors l'homme ne s'occupe des premiers actes de la reproduction : la nature agit en maître, et l'on n'a qu'à se louer du résultat de ses travaux. On donne généralement, à tour de rôle, de 30 à 40 juments à un cheval. Chaque cavale est, à son entrée dans le haras, déferrée au moins des pieds de derrière, puis ensuite laissée en liberté avec l'étalon. Celui-ci commence toujours par se rendre maître de ses compagnes. C'est généralement à coups de pieds, par ruades qu'il reçoit la nouvelle venue. C'est quand il a fait sentir son autorité, quand le sultan s'est rendu maître de son sérail, et quand les juments, à leur tour, se sont défendues avec une énergie qui va toujours en décroissant qu'a lieu l'acte important de la copulation. La monte dure généralement de la fin de mars aux premiers jours de juillet, c'est-à-dire du commencement de la pousse de l'herbe au moment où les fortes chaleurs viennent arrêter la végétation. Chaque jument reste à peu près un mois avec l'étalon. Ce mois d'herbage, y compris le prix de la saillie, se paie d'ordinaire de vingt à vingt-cinq francs.

Après la monte, les juments sont ensuite abandonnées dans les pâturages jusqu'au moment de la mise bas; et, ni les froids de l'hiver, ni les neiges abondantes, n'empêchent ce séjour continuel au milieu des prairies. Malgré l'effet constant des intempéries, le nombre des poulinières qui avortent ou n'emplissent pas, est comparativement bien peu considérable chaque année. On ne peut guère évaluer ce nombre qu'à un tiers, en y comprenant celles dont les produits meurent dans les premiers jours de la naissance. L'oisiveté des cavales, conséquemment moins exposées aux causes mécaniques de l'avortement, jointe à la monte en liberté reconnue depuis longtemps plus sûre que la monte en main, suffisent, ce nous semble, pour expliquer cette production relativement plus considérable. Le séjour continuel dans les pâturages n'est du reste point particulier aux juments poulinières. Tous les chevaux du marais, en en exceptant toutefois les animaux de services, n'entrent que malades dans les écuries. Les étalons, pas plus que les autres, ne font exception à la règle.

Il est bien rare de voir, comme on l'a dit, un cheval s'amouracher d'une jument et s'épuiser avec elle en négligeant les autres. Ce qui est plus commun, c'est le dedain des étalons pour certaines juments maigres ou aux formes peu brillantes.

C'est dans le mois d'avril ou de mai, rarement avant ou après, que l'accouchement s'effectue chez les poulinières du marais. Le jeune produit doit subir les mêmes peines que sa mère. Sans cesse au milieu des pâturages, même quand sa naissance est précoce, il n'a, pour s'abriter des dernières rigueurs de l'hiver, ni haies, ni arbres, rien que les inégalités du terrain, la levée des fossés. Ses pieds délicats foulent pour la première fois un sol froid et humide. Et cependant, les mortalités sont encore assez rares à cette époque.

Pendant huit à dix mois, le jeune animal vit sans cesse avec sa mère; le sevrage n'a lieu qu'au commencement de l'hiver. Alors, on abandonne ensemble les jeunes sujets dans les pâturages, sans d'abord séparer les sexes. Mais pour éviter des accouplements prématurés et épuisants, ce triage devient indispensable dans leur seconde année.

C'est pendant les froids de l'hiver, et surtout dans leur première année, que ces jeunes animaux ont à souffrir des intempéries. Qu'on les examine au milieu des pâturages, couverts de boue, n'ayant pour se reposer qu'une terre humide; ou encore obligés pour étancher leur soif, de briser avec leurs pieds la glace déjà épaissie; et, quand la terre couverte de neige leur refuse leur nourriture, qu'on se les figure grelottants sur la levée d'un fossé, en attendant que la prévoyance de l'homme, souvent bien tardive, vienne pourvoir à leurs besoins et briser avec une massue la surface congelée de l'eau.

Quand arrive le printemps, les poulains d'un an reprennent bien un peu de vigueur ; mais fatigués par les rigueurs de l'hiver, et généralement alors affectés de gourme, ils sont bien loin de se montrer ce qu'ils deviendront plus tard. C'est chez le jeune cheval de deux ans que l'arrivée du printemps se fait surtout sentir : il faut le voir, sous l'influence de la douce température de mai, se livrer à ses ébats au milieu des pâturages et hennir à l'approche d'une jument. Ses mouvements sont pleins de grâce et d'élégance, ses formes sont harmonieuses et brillantes. Ce n'est plus le pauvre animal couvert d'une longue bourre souillée de boue, c'est le jeune coursier dans toute la vigueur de l'âge, dans toute sa beauté.

M. de Sourdeval dit au sujet du cheval du marais occidental :

« Il arrive à son pacage maigre et engourdi, portant encore « l'épaisse fourrure dont la prévoyante nature l'a doté sous « l'action des frimas d'automne. Mais patience ! ce chétif ani-« mal, dont aujourd'hui vos regards se détournent avec pitié, « va recouvrer demain toutes les faveurs de la fortune : c'est « Ulysse en haillons à la veille de rentrer dans son palais. « Déjà, en effet, sous l'influence d'avril et de l'herbe savou-« reuse, l'horrible bourre qui le recouvre cesse d'être adhé-« rente ; le jeune coursier l'arrache avec ses dents par larges « bandes, et la jette au loin comme un importun déguisement. « Son corps atrophié s'arrondit et se relève à vue d'œil ; ses « jambes et son encolure reprennent une action décidée ; ses « yeux, ses naseaux, ses oreilles, tous ses mouvements sont « pleins de vie ; enfin une robe nouvelle et soyeuse s'étend sur « ce cuir récemment dépouillé, et étale aux rayons du soleil « ses reflets ondoyants. » Ce magnifique tableau, peut-être bien un peu trop poétique pour quelques-uns de nos chevaux, leur est néanmoins à peu près applicable. Seulement, ce n'est plus chez nous le coursier sortant de l'écurie qui, au printemps va au-devant de sa parure; c'est le printemps et tout ce qu'il amène avec lui qui viennent, au milieu du pâturage, trouver le pauvre animal, et changer ses haillons en habits de fête.

Le climat du marais, les procédés hygiéniques mis en usage, joints à la conformation de nos chevaux, conduisent à les considérer comme ayant un tempérament lymphatico-sanguin, quelques-uns même sont tout à fait lymphatiques. Quand nos jeunes chevaux sortent du marais pour aller finir leur accroissement, soit au loin, soit dans les contrées voisines, et être en même temps soumis à un léger travail, ainsi qu'à une nourriture moins relâchante, ils font d'excellents animaux, après avoir, toutefois, payé le tribut au changement de condition ; leur tempérament se transforme alors, et ils deviennent plutôt sanguins que lymphatiques. On conçoit que cette transformation doive être d'autant plus difficile, que les animaux ont atteint un âge plus avancé ; et, les poulains qui à deux ans laissent le pays, essuient aussi des maladies bien moins graves que ceux qui, à cinq ans entrent au dépôt de remonte.

Beaucoup de juments, destinées en plaine à la reproduction du cheval, vont au marais pendant la monte, et ce que nous avons dit à ce sujet leur est applicable. D'autres sont saillies par les étalons fournis par l'industrie particulière ou par l'administration des haras; la monte se fait alors en main et ne présente rien de particulier. Quelques poulinières ne sont, comme dans le marais, affectées à aucun travail; mais la généralité, loin d'être laissée dans l'inaction pendant tout le temps de la gestation, est au contraire épuisée par un travail excessif, par une nourriture distribuée avec parcimonie, comme aussi par les deux êtres que chaque mère nourrit de son sang et de son lait.

Les poulinières de la plaine sont envoyées en automne, avec leurs poulains, dans les champs soumis au régime de la vaine pâture. Les mères et les produits rentrent chaque soir à l'écurie, où, en outre, ils passent tout l'hiver. Les poulains mâles reçoivent eux, une nourriture plus abondante, dans l'espoir où l'on est de les vendre plus rapidement et à un prix plus élevé. Rendus dans les pâturages du marais, ils sont alors traités comme ceux de la localité, et de la manière dont nous avons déjà parlé.

Les juments nées et élevées en plaine possèdent un tempérament tout à fait sanguin. Elles sont susceptibles de faire d'excellentes bêtes de cavalerie ou de trait léger, et le changement de condition est pour elles bien moins pénible, bien moins dangereux : elles sont sujettes alors à peu de graves maladies.

L'élève du cheval n'a fait encore que très-peu de progrès en bocage. Le nombre des poulinières est peu considérable, et l'on apporte dans les accouplements un soin très-minime, très-restreint. Le jeune poulain est avec sa mère abandonné dans les landes ou les pâtis. De bonne heure on l'habitue à un pénible travail. D'un tempérament sanguin-nerveux et très-durs à la fatigue, nous voyons ces petits chevaux, chaque jour en grand nombre, arriver dans nos villes chargés de charbon, de bois ou de fruits. Souvent plus sobres que leurs maîtres, ils restent des journées entières sans boire ni manger, attachés à la porte d'un cabaret et exposés à toutes les intempéries. Quand vient la nuit, ils sont alors conduits avec brutalité par leurs maîtres, puis à leur arrivée au gîte, ils sont immédiatement lâchés dans des landes ou des pâtis, pour le lendemain recommencer un travail analogue. Malgré d'aussi mauvais soins et d'aussi pénibles travaux, ces animaux ne sont que rarement malades et font de bien longs services.

Causes de la diminution du volume de nos chevaux.

La plupart des agronomes de nos contrées qui ont écrit sur l'industrie chevaline, attribuent aux étalons royaux la diminution de volume de nos chevaux. Nous pensons que dans ces circonstances l'on ne s'est pas adressé à la vraie cause, car l'influence de ces reproducteurs a toujours été très-restreinte. Comment en serait-il autrement? L'administration des haras place dans la plaine et le marais dix à douze étalons par année, tandis que l'industrie particulière en entretient quatre ou cinq fois davantage. Or par là, on peut voir ce que valent les nombreuses récriminations qu'on a faites. On peut les regarder, non pas comme totalement erronées, mais au moins comme fortement exagérées. En outre, en accordant aux étalons royaux une influence plus grande que celle que réellement ils ont eue, leur effet aurait tendu au même but que le nouveau mode d'éducation, mais ne l'aurait pas surpassé. Les reproducteurs que nous fournissait le dépôt de Saint-Maixent étaient loin du reste d'être aptes, pour la plupart, à produire des chevaux de course, mais bien des chevaux de tilbury, des animaux propres à la cavalerie de réserve ou à celle de ligne.

Cette diminution du volume de nos chevaux, dont aujourd'hui tout le monde est obligé de convenir, n'a donc pas pour principale cause les étalons royaux, mais bien les nouveaux procédés d'éducation aujourd'hui mis en usage, en même temps que les desséchements plus considérables des prairies. Les poulains, comme du reste l'a prouvé la partie statistique de ce chapitre, ne naissent pas pour la plupart en marais. Aujourd'hui, et avec le mode d'éducation actuelle, les cultivateurs de ce pays ont compris qu'il était plus lucratif d'élever les poulains que de les faire naître ; qu'il y avait plus d'avantages à acheter ces jeunes animaux à l'âge d'un an ou de quinze mois, puis à les garder jusqu'à deux ans ou deux ans et demi, que d'entretenir sans travail des juments poulinières dans leurs pâturages. Ils veulent maintenant, non pas seulement élever des animaux, mais aussi cultiver des terres. C'est en plaine, c'est sur la lisière du marais que naissent actuellement les jeunes animaux de l'espèce chevaline. Ce sont généralement de petits propriétaires ou quelques producteurs de mules qui se livrent à cette industrie ; et, comme le plus ordinairement, ils n'ont pas les moyens de se procurer d'aussi belles poulinières que les *cabaniers ;* comme aussi les jeunes produits ne trouvent pas chez leurs mères, souvent épuisées de travail, du lait en abondance, ils restent généralement plus petits, plus rabougris, et leur séjour de plus d'une année dans les pâturages du marais ne peut leur rendre qu'imparfaitement le développement dont les premières bases n'ont pas été solidement posées, dont leurs mères n'ont pu leur fournir le germe. Le marais méridional tire aussi du marais de Saint-Gervais un certain nombre de poulains. Ces jeunes animaux, plus beaux, plus brillants que ceux qui naissent dans le pays, sont le plus ordinairement loin d'être aussi massifs, de ressembler autant à la race mulassière, telle qu'on l'a décrite.

Quant à l'effet du dessèchement de plus en plus considérable des prairies, il est aisé d'en apprécier exactement les effets, en considérant que l'herbe que ces prairies fournissent est moins aqueuse, en quantité moins grande, mais à trame plus serrée. Or, une semblable nourriture est propre à donner aux animaux un peu moins de volume, mais plus d'énergie. Il ne faut, selon nous, point chercher ailleurs que dans ces causes la diminution du volume de nos chevaux. Quiconque voudra, comme nous, étudier d'une manière comparative l'état actuel des choses et ce qui existait jadis, sera infailliblement conduit aux mêmes résultats.

C'est au sujet des pouliches que les récriminations ont surtout eu lieu. Autrefois l'on tirait du marais un grand nombre de mulassières, et aujourd'hui l'on n'en trouve plus, dit-on. Il faut convenir que c'est surtout pour les femelles destinées à la reproduction de la mulasse que le nouveau mode d'éducation est préjudiciable. En effet, sur 850 pouliches, qui chaque année naissent dans nos contrées, moins de 400 sont, après un séjour plus ou moins long dans le marais, vendues à la fin de leur deuxième année aux producteurs des Deux-Sèvres. La plus grande partie des autres, la plupart de celles qui sont nées en plaine, servent à entretenir dans ces contrées le cheptel mulassier, ou sont vendues, dès un an, aux cultivateurs des plaines calcaires de Niort et de Melle. Si l'on considère maintenant que ces jeunes femelles, le plus ordinairement chez nous d'une valeur moins grande que les mâles, et conséquemment entretenues avec plus de parcimonie, sont conduites en plaine avant le printemps de leur deuxième année, c'est-à-dire au moment où leur accroissement va devenir le plus rapide, l'on concevra aisément et les vraies plaintes qui se sont élevées et leur véritable cause. Car chez leurs nouveaux maîtres, ces jeunes bêtes reçoivent généralement une nourriture moins abondante, ou tout au moins elles sont soumises à des conditions hygiéniques tout autres, à une atmosphère moins relàchante. Puis, joint à ce changement radical de conditions, on les soumet souvent aussi à une conception prématurée. D'autre part, l'extension plus considérable que l'industrie mulassière a prise dans la plaine de notre arrondissement, contribue aussi, par la consommation plus grande des pouliches de forte race, à diminuer le nombre des exportations, et à donner de trop grandes apparences de réalité à une dégénérescence néanmoins incontestable.

Effets, sur nos races chevalines, de la succursale-dépôt de remonte de Fontenay, des courses de Luçon, et de la distribution annuelle des prix et des primes.

Considérée sous le point de vue de l'écoulement de nos produits, la succursale de Fontenay offre un nouveau débouché très-avantageux à l'agriculture. C'est surtout sur l'espèce chevaline du marais-occidental que les achats des chevaux de troupe peuvent avoir une certaine influence. Dans notre arrondissement, ils n'offrent, à quelques exceptions près, qu'un débouché pour les chevaux trop peu développés à deux ans pour pouvoir être vendus avec avantage ; puis, pour un grand nombre de juments que l'on garde jusqu'à quatre ou cinq ans, et dont on se défait après avoir obtenu d'elles un ou deux produits. La nécessité insurmontable de prendre, pour fournir le contingent, un plus grand nombre de juments que ne permettent les règlements, tend aussi chaque année par le vide qui en est la conséquence, à rendre moins considérables les ventes des pouliches destinées à la mulasse. A tout bien considérer, la succursale de Fontenay est d'un grand secours au pays, en ce qu'elle contribue à rendre moins onéreuse la diminution du volume de nos chevaux.

Quoi qu'il en soit des idées trop systématiques, qui jusqu'à ce jour ont été émises sur la valeur de nos chevaux, la succursale de Fontenay augmente chaque année progressivement ses achats. En 1844, il ne fut acheté que 414 animaux; en 1845, les achats atteignirent le chiffre de 433 ; cette année-ci, la commande étant de 539, on peut espérer que le nombre des achats atteindra 550, si l'on remplace, comme il est probable, les 100 chevaux de ligne destinés à l'armée d'Afrique et fournis en surplus par le dépôt de Saint-Maixent et ses succursales. Cette progression rapide prouve que nos produits sont, dans l'armée, de plus en plus appréciés. Nous pouvons encore espérer pour l'avenir une augmentation dans le nombre des achats, et l'autorité peut être certaine que le département fournira toujours au delà des besoins. Il serait même possible en élevant le prix des animaux, surtout dans les moments de prospérité du commerce, et en assurant un nombre d'achats de plus en plus considérable, il serait possible d'arriver à trouver en Vendée un nombre au moins double et peut-être triplé de chevaux pour toutes les armes. (NOTE 5.)

Depuis 1844, une société de course s'est formée dans la ville de Luçon. Cette association, soutenue du reste par le gouvernement et l'administration départementale, prend chaque année plus d'extension. Tous les ans, en juillet ou en août, un concours prodigieux de spectateurs se réunit sur le bel hippodrome de Luçon, pour assister à ce spectacle nouveau dans le pays. Au point de vue de l'amélioration des races chevalines, le seul qui doive nous occuper ici, les courses de Luçon ont été jusqu'ici avantageuses, en donnant dans le pays le goût du cheval à quelques personnes qui ne l'avaient pas. Depuis lors, surtout, de riches propriétaires se livrent à l'élève du cheval fin. Mais il est à craindre que l'influence de la mode n'entraîne nos éleveurs plus loin qu'ils ne devraient aller, de manière à ce que plus tard ils ne puissent plus revenir sur leurs pas. Ils doivent se défier de cet engouement passager, car alors ç'en serait fait de notre précieuse race mulassière, et peut-être de toutes nos races chevalines.

La société des courses a, nous croyons, le tort de donner trop d'importance aux courses au galop, et pas assez à celles au trot. Les premières peuvent être considérées, dans notre département, comme de simples amusements, et les secondes comme des institutions d'une grande utilité. Nos chevaux ne sont, en effet, point destinés en général à faire rapidement des courses restreintes, mais bien à parcourir des espaces plus étendus à une allure moins rapide. Nous voudrions aussi que, mettant complétement le brillant de côté et s'attachant surtout à l'utile, l'on distribuât des prix pour des courses au trait léger et au gros trait. Alors cette institution remplirait parfaitement le but que le pays doit en attendre. Elle aurait surtout de l'influence sur les animaux que produisent nos contrées.

La distribution des prix et des primes a eu à la fois ses prôneurs et ses détracteurs ardents. Il est vrai de dire que cette institution est loin d'avoir produit tout le bien qu'on devait en attendre. Le cultivateur ne calcule point d'ordinaire sur les primes quand il fait l'achat d'une jument poulinière ou d'un étalon. Du reste, ces prix et ces primes sont trop peu considérables pour que ce puisse être un puissant levier d'amélioration. Nous ne pensons cependant point qu'on doive entièrement les supprimer. C'est là un moyen de donner de l'importance aux comices agricoles dont l'influence ne peut être contestée. Nous voudrions que les prix et les primes fussent au besoin moins nombreux, mais fussent d'une valeur telle qu'ils devinssent des encouragements sérieux. Nous pensons aussi qu'encourager surtout les racines sarclées, les prairies artificielles, les meilleurs soins à donner aux prairies, offrirait une importance plus directe et plus considérable. C'est par ces améliorations qu'il faut commencer pour arriver au perfectionnement de nos animaux domestiques. Des primes convenables données aux reproducteurs, surtout aux étalons, viendraient en aide. Car, qu'on se le figure bien, des races animales, quelque améliorées qu'elles soient, dégénéreront toujours très-rapidement, si l'on ne met pas à la disposition des sujets une nourriture convenable et aussi abondante que l'exige leur nature, et si l'on n'a pas pour eux tous les soins désirables. Nous pensons aussi que l'on doit surtout primer les sujets dont l'utilité est plus directe, ceux dont l'élevage est plus lucratif. Qu'importe le brillant et le beau, si l'agriculteur doit faire des pertes et marcher vers sa ruine !

Nous avons à citer, à la louange du comice agricole de Fontenay, un mode de récompense qui devrait être imité. Le comice ne donne jamais d'argent aux riches propriétaires, mais seulement des médailles. Il distribue, en outre, le plus possible, à titre de primes, des instruments aratoires perfectionnés. Il en résulte d'une part que les petits cultivateurs ne sont pas découragés par la réussite continuelle des riches propriétaires, plus en position de faire des sacrifices. D'autre part les charrues Rosé que l'on distribue le plus ordinairement sont de bons modèles, susceptibles de remplacer avantageusement les mauvaises charrues de la plaine et du bocage.

Commerce auquel nos chevaux donnent lieu.

Après ce qui précède, les considérations sur le commerce auquel nos chevaux donnent lieu n'ont pas besoin maintenant de bien grands développements. La partie statistique de ce travail, fondée surtout sur le mouvement du commerce, suffit pour en donner une idée presque complète. Il a été déjà dit, en effet, que les poulains de la plaine étaient à un an ou quinze mois, achetés par les éleveurs du marais, et l'on peut ajouter que leur prix moyen est alors de deux à trois cents francs. Quelques pouliches, on l'a dit encore, sont aussi acquises à ce même âge ; mais, toute proportion gardée, à un prix toujours d'au moins un tiers inférieur à celui des mâles. C'est dans les foires de Luçon, de Sainte-Gemme et de Fontenay que s'effectue ce commerce entre les éleveurs du marais et les producteurs de la plaine.

A l'âge de vingt mois, aux foires d'hiver à Luçon, les cabaniers vendent à leur tour les quelques pouliches qu'ils possèdent ; leur prix n'est alors guère inférieur à trois cents francs. Les poulains sont, soit sur le pacage, soit le 24 juin, le 2 août ou le 11 octobre, à Fontenay, livrés à des Berrichons, des Saintongeois ou à des Beauçois pour un prix moyen d'environ 450 francs.

Nous ne reviendrons pas sur le commerce des jeunes pouliches entre les producteurs de la plaine et les cultivateurs des Deux-Sèvres, de même que sur l'achat des chevaux de remonte.

Ajoutons pour terminer que les marchands du midi font aussi dans nos contrées des achats assez nombreux, soit pour le trait, soit pour les équipages de luxe, soit même pour la selle.

§ II.

Généralités sur l'amélioration des races chevalines appliquées aux animaux de l'arrondissement. — Améliorations dans l'élève et l'éducation des chevaux. — Des croisements comme moyens d'amélioration. — Choix des reproducteurs. — Des maladies qui, dans l'arrondissement, affectent le plus ordinairement les animaux de l'espèce chevaline; le caractère que généralement elles y revêtent; leurs causes.

Généralités sur l'amélioration des races chevalines appliquées aux animaux de l'arrondissement.

L'amélioration des races chevalines est, de toutes les questions d'économie rurale et de science hippique, celle qui, sans nul doute, a donné lieu aux discussions les plus animées. Les consommateurs de chevaux fins, le jockey-club, les anglomanes de toute sorte, ne voyant dans le noble animal qu'un objet d'agrément, n'appréciant que la vigueur et l'élégance sans s'occuper des moyens de production, ont prôné le cheval anglais comme seul type améliorateur. Pour eux les chevaux de trait ne sont autre chose que l'espèce dégénérée, et comme ils considèrent l'influence des parents comme toute puissante, ils ne connaissent que les croisements pour moyen d'amélioration. L'administration de la guerre, avec des vues quelque peu différentes, n'en a pas moins eu un raisonnement à peu près analogue, quand elle a voulu employer le cheval turc comme reproducteur. Les agronomes praticiens, les vrais éleveurs, toutes les personnes en un mot qui ont pris part à la production chevaline, ou l'ont vue de près, ont, sans être exclusives, soutenu le cheval de trait comme étant d'une production moins incertaine et plus lucrative. L'administration des haras, ballottée en quelque sorte entre des opinions si diverses, a voulu faire un peu suivant le gré de tous et n'a contenté personne. Elle a néanmoins, comme c'est d'usage, plus particulièrement cédé aux vues des plus puissants, et de là, sans nul doute, la proportion plus que considérable d'animaux de sang qu'on lui reproche d'avoir dans ses écuries.

Placé comme vétérinaire entre les cultivateurs et les amateurs de courses, nous avons pu, comme tous nos collègues, juger de sang-froid ce que ces opinions différentes avaient d'exagéré. Quant à l'influence des croisements et à la possibilité théorique d'obtenir partout des chevaux de sang, nous ne les contestons nullement, par la même raison que partout l'on peut faire croître, dans les serres, les végétaux des régions équatoriales. Mais s'ensuit-il qu'il en est ainsi sous le point de vue pratique et industriel, sous le point de vue des bénéfices en un mot? Nous sommes loin de le penser et nous ne croyons pas qu'une semblable thèse puisse être soutenue. L'administration des haras, dira-t-on, n'a pas pour but, en employant le cheval anglais, de créer partout du pur sang. Elle se propose seulement de transmettre de l'énergie, *du sang*, aux animaux qui n'en ont pas. Elle se propose de régénérer nos races abâtardies. D'abord nous ne pensons pas qu'il soit juste de considérer les chevaux de trait comme étant l'espèce dégénérée. En serait-il ainsi, du reste, qu'il n'en faudrait pas moins conserver les plus précieuses de ces races et non les altérer par le sang anglais. Les croisements ne sont qu'un moyen prompt d'arriver à son but, surtout lorsqu'on n'a pas la persévérance de Backewel. Nous ne croyons à l'efficacité des croisements que dans les localités où, en outre, il existe des conditions hygiéniques et topographiques telles que les produits soient susceptibles de prospérer, sans qu'il soit nécessaire de modifier trop profondément les habitudes existantes.

C'est une grande erreur de penser que l'influence des parents est tout; l'influence de la nourriture est plus puissante encore. Les descendants n'héritent pas du sang de leurs pères, ce qui serait tout simplement une hérésie physiologique, mais ils héritent du modèle, de l'ensemble des ressorts de leur machine. Et mieux la machine est confectionnée, plus ses mouvements sont prompts et étendus. Le sang représente ici la vapeur qui met en mouvement, et la vapeur peut avoir une force plus ou moins grande, selon le corps et le combustible qui la produisent. Or, ce sont les aliments qui produisent le sang dans les êtres organisés, ce sont eux qui ont cette part immense dans les mouvements de la locomotive animale. La comparaison que nous établissons ici entre les animaux et les machines construites par l'homme est encore de beaucoup au-dessous de la vérité, en ce sens que les machines, une fois construites solidement et d'après toutes les prescriptions de la science, avec des matières irréprochables, ne seront point altérées par la mauvaise qualité du combustible et de la vapeur. Tandis que les machines organiques ne sont pas seulement mues par l'influence du sang; elles sont à chaque instant modifiées par le liquide circulatoire; à chaque instant elles lui cèdent et reçoivent de lui des matériaux de leur composition intime. Ainsi l'influence des reproducteurs se réduit en quelque sorte au plan de la locomotive; tandis que les aliments agissent et sur la composition des ressorts de l'organisme et sur leurs mouvements.

Selon nous la question des améliorations se résume dès lors à ceci : *Modifier les races par une bonne hygiène et de bons accouplements; puis, dans quelques cas, aider à ces moyens par de bons croisements.* Toutes les fois, répétons-le, que les modifications dans l'élève et dans l'hygiène des animaux ne peuvent pas être assez radicales, ou seraient trop onéreuses à l'agriculture pour empêcher la dégénérescence complète d'une race étrangère ; toutes les fois aussi que le climat de la localité se joint aux autres conditions pour amener ce résultat, il faut s'abstenir de croiser les animaux du pays avec cette race étrangère.

En abandonnant ici les généralités pour ne nous occuper que des améliorations spécialement applicables à la circonscription que nous avons choisie, nous croyons utile de nous demander, en supposant d'abord le pays également propre à l'élève du cheval de trait et à celle du cheval de selle, laquelle des deux sera d'une production plus lucrative. Puis ensuite, nous chercherons à déterminer laquelle de ces deux sortes de races convient le plus à chacune de nos localités. La solution de ces deux questions nous semble très-importante et être susceptible de jeter un grand jour sur le sujet qui nous occupe.

Pour ce qui concerne l'élevage comparatif du cheval de trait et du cheval de selle, on pourrait à la rigueur se servir des chiffres non exagérés que l'administration de la guerre a elle-même publiés quand elle voulut se livrer à la production des chevaux de troupe. Mais nous supposerons néanmoins que l'industrie particulière puisse produire à meilleur marché et nous évaluerons en moyenne à mille francs la somme que coûterait chaque cheval de selle, convenablement nourri et élevé, à son arrivée à l'âge adulte. Les chevaux légers coûtent aujourd'hui moins de mille francs aux agriculteurs quand ils les livrent au commerce ou à la remonte. Ils ne reviennent guère qu'à sept ou huit cents francs ; mais aussi comment les obtient-on ? En les nourrissant souvent avec une extrême parcimonie. En leur refusant obstinément l'avoine et tout ce qui pourrait leur donner un bon tempérament. Souvent il arrive, hélas ! que ce n'est qu'à l'aide de fraudes coupables relativement à l'âge que l'on parvient à rentrer dans ses déboursés. En basant même nos calculs sur les chiffres de 700 à 800 fr., il faudrait, pour se livrer avec avantage à l'élève des chevaux de selle, c'est-à dire pour vendre avantageusement ses fourrages, il faudrait produire en majorité des chevaux d'officiers ou de grosse cavalerie.

Nous avons, en outre, calculé ce que coûtait, terme moyen, à l'agriculteur, et avec les procédés actuels d'éducation, tout animal de l'espèce chevaline de forte race arrivé chez nous à l'âge de deux ans à trente mois, c'est-à-dire au moment où les animaux de trait sont capables de gagner leur nourriture. Nous avons trouvé, en faisant entrer en ligne de compte l'usure de la poulinière, le prix de sa saillie, l'intérêt du prix de sa valeur, la perte de temps, de travail que cause la gestation et la mise-bas, le surcroît de nourriture qu'exige le nourrisson, et, enfin, le prix de la nourriture de l'animal depuis le sevrage jusqu'au moment de sa vente; nous avons trouvé, disons-nous, que l'on pouvait évaluer le tout à la somme moyenne de 280 francs. On voit donc par là qu'en se livrant à l'élève du cheval fin, on peut s'estimer très-heureux quand on parvient à recouvrer ses dépenses; et qu'en se livrant à la production du cheval de trait, on peut presque constamment faire un bénéfice réel.

Quant à la question de convenance, elle est, ce nous semble, d'une solution facile. Que faut-il, en effet, à l'élève d'un bon cheval de selle? Une nourriture pas trop abondante, mais très-alibile, une atmosphère sèche, un sol ferme et même accidenté, disent quelques auteurs. Maintenant, nous le demandons, où se rencontrent de telles conditions? En bocage seulement, et là seulement aussi l'élève du cheval fin est possible, peut et doit être encouragée. Mais, en marais, est-il possible qu'une race, pour le maintien de laquelle de telles conditions sont nécessaires, puisse aujourd'hui se conserver dans toute sa pureté. L'admettre, ce serait supposer nos agriculteurs moins ignorants sur les règles de l'hygiène; ce serait croire, au moins, qu'il est bien facile de changer les mauvaises habitudes enracinées au sein des populations rurales. Le cheval de trait, au contraire, trouvera dans nos gras pâturages une nourriture abondante et susceptible de favoriser le développement de ses formes massives, une atmosphère humide qui aussi aidera à ces moyens. Le sol vaseux du marais donnera au cheval de trait des pieds évasés, mais toujours à lui moins préjudiciables qu'au cheval de selle. Puis, que l'on dépayse cet animal, qu'on le conduise, soit en plaine, soit au loin dans le centre de la France, avant que son développement ne soit totalement achevé, et alors il prendra plus de vigueur, ses formes trop empâtées se dessineront, ses larges sabots se resserreront; en un mot, toutes les conditions voulues pour faire de lui un bon cheval se réuniront alors.

Au résumé, disons-le hautement ici, ce n'est pas le cheval de selle qu'il faut dans nos marais, son élève est trop difficile et trop onéreuse. C'est le cheval de trait, c'est la race mulassière qu'il faut encourager, qu'il faut reproduire en l'améliorant par elle-même. Les nouvelles conditions hygiéniques et les desséchements ont déjà une action assez considérable, sans que l'on aille hâter, par le sang anglais, un mouvement déjà bien assez préjudiciable à notre précieuse race mulassière.

Un motif qui aujourd'hui fait tourner beaucoup de personnes vers le cheval fin, et que ses partisans n'ont pas manqué d'alléguer en sa faveur, c'est le désir d'aller vite, c'est l'influence de ce vaste réseau de chemins de fer qui, bientôt en tous sens, va sillonner la France. Bientôt les chevaux de trait seront inutiles, dit-on encore ; tous les transports se feront par l'effet seul de la vapeur. L'on ne peut pas rigoureusement aujourd'hui prévoir l'effet que produira ce chef-d'œuvre du xixe siècle ; mais qu'on nous permette de croire qu'une telle opinion est tout au moins exagérée. Le roulage y perdra sur les grandes lignes, ceci est incontestable ; mais les chemins de fer ne passeront pas partout. Dans les petites villes, dans les campagnes même, le commerce deviendra plus actif, et, pour ces lignes collatérales, il faudra nécessairement des chevaux de trait.

L'administration de la guerre s'est beaucoup plaint de ne pouvoir trouver en France les chevaux dont elle a besoin. Nous croyons ses récriminations tout à fait dépourvues de fondement, et nous pensons qu'elle est aujourd'hui complétement revenue de son erreur. La France n'est point en peine de fournir chaque année aux besoins de l'armée. Nous serions même presque de l'avis de M. Alix Sauzeau (des Deux-Sèvres), quand il disait, il y a peu, dans un mémoire publié sous le titre d'*Amendement aux conclusions de la commission, proposé au congrès central d'agriculture*, que le Poitou, ou plutôt la circonscription du dépôt de Saint-Maixent pourrait, si le débouché était assuré par un marché franc et loyal, pour un temps moralement nécessaire, dix années par exemple, à commencer dans quatre ans, fournir le contingent annuel en produits nés et élevés dans le pays.

Améliorations dans l'élève et l'éducation des chevaux.

En jetant un coup d'œil sur la partie du paragraphe précédent qui traite de l'hygiène des reproducteurs et des produits, on ne peut que plaindre le pauvre animal abandonné au milieu des pâturages du marais pendant la saison des frimas. Quels que soient son âge et son sexe, de grandes souffrances sont le résultat infaillible de semblables procédés hygiéniques. Il serait à désirer que l'on pût abriter pendant l'hiver les chevaux du marais; et, dans cette stabulation momentanée, il y aurait immédiatement, sous le rapport de l'économie, un avantage immense; puis, plus tard, sous le rapport de l'amélioration des produits, un autre avantage non moins grand encore. Sous le point de vue de l'économie, les résultats avantageux sont faciles à concevoir, car tout le monde sait qu'un cheval en liberté gâte beaucoup plus d'herbe qu'il n'en digère. Il consomme par cinq bouches, dit-on; et ceci, vrai quand le terrain offre de la résistance sous les pieds des animaux, l'est à plus forte raison encore quand le sol du marais, couvert d'eau, s'enfonce à chaque pas, à chaque mouvement de l'animal. Non-seulement il détruit alors l'herbe qui existe, mais encore il l'empêche de repousser au printemps suivant. On peut évaluer à la nourriture de quatre chevaux, pendant toute une année, le mal que par ses pieds fait un seul de ces animaux pendant les quatre mois d'hiver.

A la stabulation des chevaux, les agriculteurs du marais objecteront, nous en sommes persuadé, que quelles que soient les souffrances que supportent ces animaux dans les pâturages, pendant la saison rigoureuse, ils y sont bien mieux encore qu'enfermés dans une écurie. En outre, il manque à l'immense majorité des exploitations rurales de ce pays, une écurie suffisamment grande pour contenir tous les chevaux de la ferme. Ces deux objections ont quelque chose de fondé, il faut en convenir. La première même, quelque extraordinaire qu'elle paraisse, est néanmoins un peu vraie, surtout avec l'ignorance complète des gens du marais à soigner le cheval. On pourrait, en outre, se l'expliquer par ce précepte

que nous croyons incontestable : *Les exigences des races,
comme leurs caractères, tendent à se transmettre par génération.* Depuis un temps immémorial, les sujets de nos races
chevalines sont habitués en marais à passer l'hiver au milieu
des pâturages, à respirer en tout temps un air libre, à exercer continuellement leurs fonctions locomotives. On ne peut
les en priver sans momentanément interrompre l'harmonie
des fonctions, sans amener un état maladif plus ou moins
prononcé. Il est des éleveurs qui, appréciant le mal que
les chevaux font l'hiver dans les pâturages, et possédant des
logements suffisants pour eux, ont voulu les en retirer et leur
faire passer à l'écurie la saison des frimas. Il en est résulté
de nombreuses maladies, et même des pertes qui ont déterminé à recourir à d'autres moyens. M. Boidon de Villedoux,
près la Rochelle, s'est, dit-on, déterminé à faire construire
des hangars sous lesquels ses chevaux passent l'hiver. Les
vétérinaires du marais ont acquis la persuasion tellement
fondée que l'écurie est préjudiciable aux animaux de l'espèce
chevaline que, loin de faire toujours rentrer ceux qui sont
malades, ils les traitent autant que possible, en été, au milieu
des pâturages. Si les cultivateurs préfèrent des écuries aux
hangars, nous avons à leur recommander de les tenir toujours avec une extrême propreté, de les aérer le plus possible,
et d'y espacer les animaux de manière à ce que chacun ait,
au moins, à respirer 50 mètres cubes d'air.

Quant à l'objection que les exploitations rurales du marais
manquent de logements suffisants pour les chevaux, ce n'est
pas aux cabaniers qu'il faut alors s'adresser. C'est aux propriétaires, c'est aux banquiers de Paris ou de Nantes qu'il
faut dire de sortir un instant de leur apathie, de venir au
moins une fois dans leur vie visiter en hiver leurs propriétés
du marais, et de se déterminer à faire construire, ou des écuries vastes et convenables, ou de simples hangars, exposés à
l'est et au sud-est, afin de préserver les animaux des mauvais
vents, en leur permettant toujours de respirer un air pur.

Quand les cabaniers seront suffisamment munis de semblables logements, nous avons à leur recommander aussi,

non-seulement de bien nourrir leurs animaux, de les panser avec soin, mais encore de les faire promener tous les jours deux heures au moins.

Pour ce qu'il est des soins à donner en hiver aux chevaux de la plaine et du bocage, nous n'avons qu'une seule chose à dire, c'est qu'il vaut mieux n'avoir que deux animaux et les bien nourrir que d'en posséder quatre et de les entretenir avec une parcimonie outrée. On peut citer à leurs propriétaires ce vieux précepte si véridique : « Bien nourrir les animaux « coûte beaucoup, les mal nourrir coûte encore davantage. » On devrait aussi s'abstenir autant que possible de faire consommer en hiver, et sans aucune préparation, les balles de froment. Les fréquentes irritations des organes digestifs ne reconnaissent guère d'autres causes.

En donnant aux petits chevaux du bocage une nourriture plus abondante que l'on peut obtenir par la propagation des prairies artificielles, par les moyens que nous avons déjà indiqués, on élèverait sensiblement la taille de ces animaux, on les rendrait d'une valeur plus grande. Si l'on joignait à ceci, comme nous le dirons bientôt, l'influence de bons croisements, on parviendrait à en faire d'excellents chevaux de cavalerie légère.

On ne saurait partout trop recommander aux agriculteurs l'usage des pansements de la main; car, si la propreté est nécessaire à l'homme, elle ne l'est pas moins aux animaux domestiques.

Le travail des reproducteurs et des produits forme aussi, pour l'espèce chevaline, une question très-importante d'amélioration. Tous les auteurs qui ont écrit sur la matière ont constaté les salutaires effets du travail chez les juments en état de gestation. Sous le rapport de l'économie, la question est pour le moins aussi importante encore ; et, ce qui a contribué à rendre moins nombreuses que jadis les poulinières du marais, c'est sans contredit l'oisiveté dans laquelle on les laisse. Parler pour les juments du marais d'un travail modéré, susceptible de payer leur nourriture, paraîtra une monstruosité aux agriculteurs de la localité. Cependant que l'on ne nous dise pas que la chose est impossible. M. Van-de-Castéele, dont la ruine ne peut-être attribuée qu'à sa mauvaise gestion, cultivait bien avec de grosses juments belges, et tout le monde admirait ses travaux.

La majorité des poulinières de la plaine est soumise à de nombreux et pénibles travaux. Les agriculteurs de cette contrée agissent donc d'une manière inverse de leurs voisins du marais. Pour gagner de faibles sommes, ils s'exposent souvent à l'avortement de leurs juments et même à leur perte.

Avec les procédés actuels d'éducation et le mouvement du commerce, les poulains ne peuvent pas être chez nous soumis au travail ; car leur émigration se fait au moment où ils deviennent susceptibles d'être utiles à l'agriculture. M. le préfet du département, en administrateur éclairé et désireux de voir progresser tout ce qui a rapport à l'agriculture, provoqua l'an passé, dans la ville de Luçon, la réunion des principaux éleveurs du marais, dans le but de chercher ensemble les moyens d'empêcher l'émigration des jeunes chevaux qui, vendus chez nous à l'âge de cinq ans, donneraient un bénéfice plus grand et une réputation plus considérable à nos produits. Comme on le pense bien, les éleveurs et l'autorité ne parvinrent pas à s'entendre. Les premiers démontrèrent qu'acheter à un an ou quinze mois un jeune poulain la somme de 250 francs, et vendre un an plus tard le même animal la somme de 500 francs, donnait un bénéfice bien plus grand que de garder ce même sujet jusqu'à quatre ou cinq ans, pour être payé par la remonte 800 francs au plus. Dans le dernier cas, les deux dernières années rapportent ensemble 300 francs au maximum, tandis que l'élève de deux autres jeunes animaux, pendant un temps égal, en rapportera 500. Ils auraient encore pu rendre la différence plus grande en faisant entrer en ligne de compte les suites de la castration qui, quoique rarement dangereuses chez nous, peuvent néanmoins quelquefois amener la mort des sujets. Puis la vente des chevaux est assurée aujourd'hui et ne le serait peut être pas, si on les gardait jusqu'à l'âge de cinq ans. Enfin, sous le point de vue de l'intérêt général, la sortie du marais, selon nous indispensable, serait plus dangereuse à l'âge adulte que dans la troisième année.

A un raisonnement aussi simple et aussi précis de la part des éleveurs, il n'y avait à faire aucune objection raisonnable, aussi M. le préfet se contenta-t-il de demander s'il ne serait pas possible de soumettre chez nous les jeunes animaux à un travail modéré jusqu'à l'âge adulte, de manière à ce que gagnant leur nourriture, le surcroît de la vente fût tout bénéfice. Comme on le pense bien encore, la question parut ridicule à nos éleveurs, et la réponse fut négative.

Si l'on trouve dans l'émigration des poulains un grand désavantage pour le pays, il y aurait, selon nous, un moyen assez avantageux de l'empêcher. Ce serait de transporter ces jeunes animaux en plaine, et de les soumettre là à un travail modéré. Leur tempérament se transformerait dans cette localité aussi bien que dans le Berry ou dans la Beauce, et l'on pourrait à cinq ans s'en défaire avec avantage. Cette modification dans l'agriculture du pays serait loin d'être préjudiciable à la plaine, si surtout elle restait confinée dans les contrées où l'on ne se livre pas à l'industrie mulassière. En effet, depuis la route qui de Marans va à Chantonnay par Sainte-Hermine jusqu'à la côte de Jard, les agriculteurs achètent à deux ans de jeunes taureaux du marais, et les revendent ensuite pour l'engraissement aux éleveurs de ce dernier pays, après les avoir fait travailler jusqu'à sept ou huit ans. Là se borne tout le bénéfice que l'on fait sur les animaux, et ce bénéfice, est comme on le voit, bien minime. Mais si, substituant aux bœufs les jeunes chevaux du marais, on les entretenait avec soin, l'on ferait chaque année un bénéfice assez considérable. Ce moyen, incontestablement avantageux, est, comme toutes les innovations, difficile à introduire. Si les agriculteurs et l'administration le croient rigoureusement nécessaire, c'est aux riches propriétaires de la plaine à prendre l'initiative, et à l'administration départementale, ainsi qu'aux comices agricoles, à détourner chaque année quelques fonds pour encourager cette nouvelle manière de faire.

Nous n'avons ici que fort peu de chose à dire au sujet de la castration et de l'époque à laquelle on doit la pratiquer. Nos jeunes chevaux sont en effet vendus entiers à l'âge de deux ans, et cette mutilation n'est opérée que quand l'on est contraint de les garder jusqu'à un âge plus avancé. Quoiqu'il en soit, nous ne saurions trop recommander aux quelques propriétaires qui élèvent dans le but unique de la remonte, de faire castrer leurs poulains le plus tôt possible. La castration précoce, en même temps qu'elle est moins dangereuse, rend l'élève du cheval plus facile et moins coûteuse. Elle tend aussi à allégir les formes et à leur donner plus d'élégance.

Là se bornent les principales améliorations à introduire dans l'hygiène et l'éducation de nos races chevalines. Elles ne sont pas susceptibles de produire de grands changements dans la conformation des sujets ; car, quelque vicieuse qu'au premier abord paraisse cette conformation, elle est utile pour l'usage auquel nous destinons nos animaux. La seule amélioration vraiment désirable en plaine et en marais, c'est la reproduction de notre précieuse race mulassière, c'est l'augmentation du volume de nos chevaux. Les règles d'une meilleure hygiène sont toutes puissantes pour arriver à ce but, mais nous verrons bientôt qu'il faut y joindre aussi le choix judicieux des reproducteurs.

Des croisements comme moyens d'amélioration.

Les croisements ayant presque constamment été considérés comme les seuls moyens d'amélioration, c'est conséquemment à leur sujet que les contradictions ont été le plus nombreuses. L'on eût, nous le pensons, évité la plupart de ces discussions scientifiques, si avant tout l'on se fût demandé le but que l'on voulait atteindre ; si l'on eût pensé, non pas à se procurer uniquement des sujets brillants, mais surtout des animaux dont l'agriculture pût retirer un grand produit, dont le bénéfice réel fût considérable. Ainsi, et c'est notre opinion bien fondée, la question d'argent est ici la plus fondamentale de toutes. C'est pour vendre leurs fourrages et pour en obtenir quelques bénéfices, que les agriculteurs se livrent à l'élève du cheval, et non pour leur agrément personnel, du moins dans la majorité des cas. Le gouvernement dont la fortune augmente en raison du produit des industries, ne devrait pas en conséquence encourager seulement ce qui plaît, ce qui flatte, mais aussi et surtout ce dont on peut retirer un grand bénéfice.

D'après ces quelques considérations et ce que nous avons déjà dit plus loin, l'on est nécessairement conduit à rejeter le cheval de selle comme type améliorateur en plaine et en marais, et à demander que la production du cheval de trait soit spécialement encouragée dans ces localités. Sous le rapport des formes, du volume, les chevaux boulonnais et les flamands conviendraient parfaitement comme types régénérateurs. Seulement ces races ne sont, dit-on, d'aucune valeur comme mulassières; et, jusqu'à ce que l'on se soit positivement assuré du contraire, il faut chez nous les éloigner de la reproduction. Nos juments de marais étant pour la production de la mulasse, supérieures à toutes autres, et ne pouvant être avantageusement remplacées par aucune, le seul moyen d'arriver à d'importants résultats, c'est donc d'améliorer la race par elle-même, c'est de faire pour les sujets destinés à la reproduction, un choix judicieux, raisonné.

L'on ne peut conseiller en bocage des moyens analogues à ceux des deux autres localités. En cherchant à améliorer la race par elle-même, l'on ne parviendrait pas à d'importants résultats. Il serait impossible par ces seuls moyens d'élever une trop petite taille; et, pour modifier des formes souvent vicieuses, il faudrait une persévérance que l'on serait bien loin de rencontrer chez nous. Ce sont donc les croisements que nous voudrions que l'on employât en bocage, et c'est le cheval arabe qui, selon nous, conviendrait comme reproducteur dans ces contrées. Par ces moyens, auxquels on devrait joindre l'usage des pansements de la main et une nourriture plus abondante, on donnerait rapidement aux chevaux de ce pays une valeur plus considérable. Il n'est pas douteux qu'alors la remonte pourrait y trouver d'excellents petits animaux de cavalerie légère. Il serait peut-être utile d'élever le prix d'achat des chevaux de hussards et de chasseurs, afin d'encourager leur production en rendant leur élève un peu plus lucrative. En étudiant bien attentivement la question, nous sommes conduit à dire que ce sont les chevaux de cavalerie légère qui reviennent à quatre ans au prix le plus élevé, puisque leur petite taille et leur organisation trop grêle et trop délicate ne permettent d'en tirer aucun travail soutenu avant l'âge adulte.

Choix des reproducteurs.

Le choix des reproducteurs est une question théorique très-importante, mais que l'on ne peut, pour ce qui concerne les femelles, mettre en pratique d'une manière absolue. L'on doit, en effet, rejeter de la reproduction toute jument tarée, atteinte de pousse, dit-on, mais le petit agriculteur ne peut y employer que la bête qu'il possède. Quelque minime que soit la valeur du produit qu'elle donnera, il n'en sera pas moins d'un grand secours pour lui.

Quant aux reproducteurs mâles, c'est à leur choix surtout que l'on doit s'attacher pour améliorer les races ; là seulement, l'on peut conseiller des moyens dont l'exécution est possible. Comme nous l'avons dit, il faut en plaine et en marais de gros étalons mulassiers, bien conformés, présentant les caractères que nos éleveurs recherchent. L'administration des haras devrait donc, enfin, se persuader de ce principe, et fournir au dépôt de Bourbon un nombre assez considérable de ces animaux. N'y a-t-il pas assez de la préférence qu'avec son gros bon sens l'agriculteur de nos contrées accorde à l'étalon fourni par l'industrie particulière, quoique le prix de la saillie soit plus élévé, pour montrer qu'il y trouve son avantage? Ne serait-il pas temps que l'administration des haras s'affranchisse de toute idée trop systématique, et surtout de l'influence de l'administration de la guerre et des amateurs haut placés?

Les reproducteurs du gouvernement, que chaque année l'on place dans nos stations, sont plus gros, plus volumineux que jadis, mais les gros étalons mulassiers sont encore en trop petit nombre. Il serait, selon nous, d'une grande

utilité d'augmenter le nombre de ces reproducteurs, de le
porter à 25 ou 30 pour la plaine et le marais méridional.
Seulement, il serait de toute inutilité d'envoyer en majorité
des chevaux fins, car, nous en sommes persuadé, les cultivateurs leur refuseraient leurs juments. Que M. le directeur
du dépôt de Bourbon veuille bien, à ce sujet, consulter les
vrais éleveurs, ceux dont l'opinion est conforme à celle de la
majorité, et il pourra s'assurer qu'il y aura toujours dans
nos contrées un nombre plus que suffisant de chevaux fins.
(Note 6.)

Si l'administration des haras est surtout susceptible de produire de grands résultats dans l'amélioration des races chevalines, il n'en faut pas moins encourager l'industrie particulière. Les primes que très-rarement l'on donne aux bons
étalons sont insuffisantes pour déterminer les éleveurs à se
procurer des animaux de choix. Il a été jusqu'ici très-difficile,
en outre, de faire approuver les étalons mulassiers. Nous
voudrions que le gouvernement sortît totalement de cette voie
vicieuse. Et nous pensons qu'une somme de 200 francs,
donnée à titre de pension à chacun des bons étalons de la race
mulassière, serait, chaque année, suffisante pour déterminer
les agriculteurs à faire des sacrifices, dans le but de se procurer des reproducteurs de choix. Que l'on ne croie pas qu'il
y ait un grand bénéfice à entretenir un haras au milieu des
pâturages. Il faut pour la nourriture de l'étalon et des 40
juments, ces dernières pendant un mois chacune, sacrifier le
pacage d'à peu près 25 hectares de prairies. Or, à celui qui
l'entretient, un haras coûte au bas mot 1,000 francs par an,
et, bien heureux l'on est, quand l'on parvient à retirer cette
somme. L'agriculteur qui, chez lui, entretient un étalon, le
fait donc dans le but unique de vendre plus aisément ses fourrages, et l'on concevra qu'alors il ne tienne pas à faire de
grands sacrifices pour se procurer un animal de choix.

Au congrès général d'agriculture, l'on a parlé, ce nous
semble, cette année, de faciliter aux communes les moyens de
se procurer de bons reproducteurs pour toutes les espèces
d'animaux. Cette mesure pourrait, selon nous, amener d'excel-

lents résultats, mais nous pensons qu'il faudrait très-modéré-
ment en user. Pourquoi, en effet, surcharger le budget des
communes, quand l'administration des haras et l'industrie
particulière, convenablement protégée, peuvent aisément
fournir les reproducteurs? Laissons aux administrations communales le soin d'améliorer les chemins vicinaux; c'est déjà
beaucoup pour elles.

Que l'on ne nous accuse pas de détester systématiquement
le cheval de selle. Nous aimons, au contraire, dans le brillant
coursier, ces yeux expressifs, ces mouvements énergiques,
ces formes si dessinées, en un mot, tout ce que comporte sa
bonne organisation; mais, disons-le encore, la question de
goût n'est pas essentielle pour nous; c'est celle des produits,
c'est celle de la convenance. Si nous eussions écrit pour tout
autre pays que spécialement pour les marais de la Vendée,
nous eussions, à n'en pas douter, conseillé d'autres moyens
d'amélioration. En bocage, où à son tour la production du
cheval de trait serait trop onéreuse, nous avons proposé le
croisement avec le cheval arabe.

Nous sommes donc loin de vouloir proposer à l'administration des haras l'exclusion complète des reproducteurs
anglais. Dans les localités de la France où leur usage sera
reconnu efficace, l'on fera incontestablement bien de les
employer. Nous sommes loin aussi de vouloir, à l'exclusion du
cheval de course, une protection illimitée pour les autres
races chevalines. Ne faut-il pas procurer à nos millionnaires
français le moyen de jeter leur argent par les fenêtres? Mais
écrivant pour un pays où le cheval anglais n'a rien à faire,
nous avons dû presque constamment prononcer son exclusion, et proposer des moyens propres à rendre plus lucratif
l'élevage des sujets de nos races chevalines.

Quant à la question d'augmentation du nombre des animaux, on conçoit qu'elle est totalement subordonnée à l'amélioration des procédés agricoles; et, c'est spécialement pour
ne pas constamment revenir sur ce sujet que nous avons, au
commencement de ce travail, dans la partie agricole, donné un
certain développement *aux moyens généraux d'amélioration.*

*Maladies qui, dans l'arrondissement, affectent le plus ordi-
nairement les animaux de l'espèce chevaline; caractère que
généralement elles y revêtent; leurs causes.*

Les affections qui, dans nos contrées, sévissent le plus
ordinairement sur les sujets de nos races chevalines, varient
de siége et surtout de nature, suivant les localités et suivant
les saisons. Les hydropisies des synoviales articulaires ou
tendineuses affectent très-fréquemment les jeunes chevaux du
marais. Quand de telles affections sont le fruit de l'héritage
paternel, c'est généralement pour la vie que les jeunes animaux en sont atteints. Mais quand, nés de parents bien conformés, on ne peut attribuer de telles difformités qu'à la
nourriture abondante en même temps que trop relâchante,
les jeunes sujets redeviennent ordinairement sains par l'effet
seul du changement de conditions; et, lorsque le commerce
est en grande activité, les marchands berrichons ou beauçois
n'y prennent souvent pas garde.

Les tares osseuses du jarret, assez communes chez nos
jeunes sujets, sont généralement dues à l'hérédité. Cependant, l'atonie de tout l'organisme les prédispose aussi à des
tares accidentelles et de nature analogue. Nous avons vu
un suros de la grosseur d'un œuf de pigeon se développer
sans causes connues dans l'espace de vingt-quatre heures.
M. Marty, vétérinaire au dépôt de remonte de Fontenay, nous
a dit avoir observé des cas analogues.

La gourme, cette sorte de maladie dépurative, est sans
contredit l'affection qui sévit le plus fréquemment chez les
jeunes chevaux du marais. Le caractère qu'elle présente varie
à l'infini. Tantôt, elle apparaît sous forme latente et rend les
animaux maladifs pour un laps de temps plus ou moins
considérable. Tantôt aussi, sa marche, plus rapide, plus régulière, promet une maladie plus intense, mais moins préjudiciable. Quelquefois l'affection s'accompagne de symptômes
nerveux; d'autres fois enfin, le phlegmon, au lieu de se
former sous l'auge, apparaît aux membres ou sur la surface
du corps. La maladie devient, dans ce dernier cas, beaucoup

plus dangereuse, et il n'est pas rare de constater la déviation des aplombs après des gourmes mal jetées. Les causes positives de la gourme nous paraissent difficiles à constater, car si l'on peut citer des causes plus que probables pour cette maladie quand elle affecte les chevaux que l'on dépayse, il n'en est plus de même pour ceux de ces animaux qui restent constamment sur les pâturages. On a dit que cette affection sévissait à chaque printemps sur les chevaux du marais. Ceci ne nous paraît pas tout à fait exact, et nous serions tenté de croire qu'elle ne reparaît plus, chez les sujets au moins que l'on ne dépayse pas, quand ils en ont été franchement atteints, quand la dépuration a été complète. Nous pensons que la gourme est une maladie d'espèce, affectant principalement les animaux du jeune âge, et semblant avoir quelque analogie avec la petite vérole de l'homme et avec la maladie des jeunes chiens.

Les maladies de poitrine, dues aux intempéries, à la constitution atmosphérique, sévissent quelquefois sur les animaux du marais. Elles se montrent le plus ordinairement sous forme asthénique, et sont vulgairement confondues avec la gourme maligne.

La jaunisse est une maladie très-commune en marais. Elle affecte, toujours au printemps, plus particulièrement les chevaux de deux ans et au delà. Cette affection est loin d'avoir ici toute la gravité qu'elle offre généralement. Un traitement simple suffit souvent pour en triompher.

L'ivresse est encore une maladie peu connue sévissant tous les ans sur les animaux qui pacagent sur les rives de l'Océan. Cette affection n'est ordinairement pas dangereuse; le seul résultat fâcheux qu'elle est susceptible d'amener, si l'on n'y prend garde, c'est de déterminer les animaux à se précipiter dans les fossés et à périr par submersion. Le changement seul de nourriture suffit pour faire disparaître tous les symptômes maladifs. L'ivresse apparaît dans les mois de juillet, août et septembre, immédiatement après les pluies d'orage. On ne peut l'attribuer à l'influence de l'ivraie enivrante qui ne se rencontre pas dans les prairies; on la croit produite par l'ivraie vivace (*lolium perenne,* L.), qui forme la base de beaucoup de prairies du marais. On ne peut non plus guère supposer que l'ergot, assez commun en été sur les graines d'ivraie, puisse produire ce résultat, car les avortements sont généralement très-rares.

Une affection très-grave règne presque chaque année, soit sous forme enzootique, soit sous forme épizootique, dans le marais et sur la lisière de la plaine. Cette affection se caractérise par une altération manifeste du sang. Elle a beaucoup d'analogie avec les affections charbonneuses et avec le sang de rate, maladies que je ne puis distinguer l'une de l'autre.

Les maladies des chevaux de la plaine présentent généralement des caractères plus franchement inflammatoires qu'en marais. Les pneumonies suivent une marche plus régulière, et sont dues le plus ordinairement à des causes accidentelles. L'entérite aiguë est assez commune en hiver, et doit être attribuée aux balles de froment qu'alors on fait manger aux animaux domestiques. Les indigestions de vert déciment beaucoup de chevaux au printemps. Elles proviennent de la fâcheuse habitude de faire consommer le fourrage des prairies artificielles avant la chute de la rosée, soit qu'on le donne à l'écurie ou qu'on le fasse pacager au piquet.

Les maladies des petits chevaux du bocage présentent aussi un caractère franchement inflammatoire. Les causes qui, en plaine, produisent des affections de poitrine, des entérites et des indigestions, déterminent aussi, en bocage, l'apparition de semblables maladies. L'on peut citer dans les deux premières contrées, le marais et la plaine, les angines simples et croupales comme très-communes au moment des brouillards d'automne. Puis, les engorgements gangréneux des sétons comme des accidents assez fréquents aussi.

La fluxion périodique des yeux, dont on a si souvent accusé nos chevaux d'être généralement atteints, est loin d'être aussi commune qu'on a bien voulu le dire.

La morve et le farcin, maladies, dit-on, plus particulières aux chevaux lymphatiques, sont très-rares chez nous. La première ne se rencontre que chez quelques chevaux usés, épuisés par la fatigue et les mauvais soins. La seconde est excessivement rare et exceptionnelle.

Les jeunes poulains, ceux de la plaine plus particulièrement, sont quelquefois affectés d'arthrites aiguës, ou bien d'une maladie à laquelle on a donné le nom de *gourme de lait*. Cette dernière affection se manifeste par un engorgement chaud d'abord, puis indolent ensuite, et finissant, enfin, par s'abcéder et s'accompagner d'une adynamie générale, signe certain d'une mort prochaine. Il est à remarquer que ces affections se montrent plus particulièrement sur les produits dont les mères sont fortes, bien nourries et non épuisées de travail.

Enfin, nous devons signaler aussi la constipation opiniâtre comme maladie particulière aux jeunes sujets dans les premiers jours de la naissance. On peut, dans beaucoup de de cas, attribuer cette affection à la fâcheuse habitude d'empêcher le nouveau-né de sucer le premier lait de sa mère; car cette habitude existe encore dans quelques-unes de nos campagnes, comme si la nature pouvait se tromper dans son œuvre, comme si cette première nourriture n'était pas appropriée aux premiers besoins de la vie.

CHAPITRE III.

DU BAUDET ET DE LA MULASSE [1].

§ Ier.

Du baudet.

Le baudet du Poitou, cet animal dont la réputation est européenne, dont les produits sont sans concurrents sur la

---

[1] Nous sommes, pour ce chapitre, obligé d'interrompre le plan habituel de notre travail, et de négliger beaucoup de parties auxquelles nous avions l'habitude d'accorder une haute importance. Nous n'avons,

surface du globe, est d'une étude on ne peut plus curieuse sous le rapport de ses formes comme sous celui aussi de son entretien. Pour sa vie, prisonnier dans une petite cellule, le baudet vit là en dehors de tout; c'est un trésor que l'on cache aux yeux du monde; c'est une mine d'argent que sans bruit l'on exploite.

Rien n'est affreux comme un beau baudet; jamais ours ne fut aussi bourru; mais cet animal, dont la physionomie est au premier abord si repoussante, rachète ses difformités par des qualités si précieuses que, peu à peu, l'on s'habitue à son aspect, et qu'on l'aime en raison de sa laideur.

Les beaux animaux de la race se rencontrent principalement dans l'arrondissement de Melle. C'est là qu'avec le plus de fruit, l'on se livre à leur production. Chez nous, l'on ne parvient que rarement à en élever même de passables. La plupart de ceux que nous possédons proviennent des Deux-Sèvres, où ils ont été achetés à l'âge de deux, trois ou quatre ans, rarement avant ou après.

Les baudets du Poitou, plus particulièrement connus dans nos contrées sous le nom de *bourriquets* ou d'*animaux*, se distinguent par une tête très-lourde, par un cercle d'un blanc argenté, entouré lui-même de marques de feu, comprenant le tour des yeux, et tout le bout du nez jusqu'au dessus des naseaux. Les oreilles sont très-longues et pourvues de beaucoup de longs poils à leur intérieur : on aime beaucoup de belles *cadenettes* [1]. La robe de nos baudets est presque constamment noire, mais moins foncée au-dessous du ventre et à la face interne des cuisses, surtout quand les animaux sont à poils ras. La queue, chargée de peu de crins comme dans toute l'espèce asine, est néanmoins plus fournie que dans les

---

en effet, ici presque qu'à raconter ce qui existe. Pour la production du baudet et de la mulasse, nous sommes les premiers du monde. L'on peut nous prendre pour modèles, et nous n'avons besoin d'imiter personne. Ce chapitre sera donc plutôt un objet de curiosité pour les personnes étrangères au Poitou, qu'une œuvre utile à nos contrées. Nous avons, en conséquence, à peu près reproduit textuellement les expressions dont on se sert dans le pays.

[1] En patois vendéen, *cadenettes* signifie pendants d'oreilles.

ânes ordinaires. On recherche dans un bourriquet des formes trapues, des membres forts, des genoux et des jarrets larges ; des cuisses et des épaules musculeuses, un cou fort, un poitrail, des reins et une croupe larges, des côtes arrondies. Les plus bourrus sont ceux que l'on recherche. On estime moins ceux à poils frisés, et l'on dédaigne les baudets dont le poil est ras sur toute la surface du corps. Les pieds déformés, les grands sabots, sont le résultat de quelques maladies. La taille de nos baudets ne dépasse guère 1 mètre 48 centimètres. On les préfère même à moins haute stature, pourvu qu'ils soient plus trapus, plus ramassés ; ce que l'on ne rencontre que rarement quand leur taille est élevée. Le baudet que M. Guénaudeau, propriétaire à Nizo, commune de Velluire, a acheté, cette année (1846), la somme de 4,000 francs, n'a guère plus de 1 mètre 45 centimètres. Il en est de même de celui que le comice agricole de Sainte-Hermine a, dans ces dernières années, placé au haras de Saint-Juire, et dont le prix était, dit-on, de plus de 5,000 francs.

Le baudet est plus énergique que les ânes rabougris, dégénérés, que l'on rencontre dans nos campagnes. Il est néanmoins rare d'en rencontrer de méchants. On peut, en général, entrer dans leurs loges, les caresser sans qu'ils cherchent à mal faire. Leur caractère irascible se dénote davantage au moment de la saillie ; quelquefois alors ils deviennent dangereux pour l'homme.

D'après Grognier, l'on croit les baudets du Poitou d'origine espagnole, et l'on ne sait à quelle époque ils furent introduits en France. M. Rodet, professeur à l'École vétérinaire de Toulouse, professe que les baudets, importés en Espagne par les Maures, furent longtemps la propriété exclusive de cette nation, qui en avait défendu l'exportation. Mais au commencement du XVIIIe siècle, alors que Philippe V, prince français, fut appelé au trône d'Espagne, la prohibition fut levée en faveur de la France. Un grand nombre de ces animaux furent alors importés et distribués dans plusieurs localités, mais ce n'est qu'en Poitou et en Gascogne que la race s'est conservée dans toute sa pureté. Nous nous en rapportons entièrement, pour cet objet, à l'opinion des savants professeurs que nous venons de citer ; ils l'ont sans nul doute puisée à très-bonne source. Du reste, nous n'avons aucun moyen de pouvoir en vérifier l'exactitude ; car, dans le pays, nous n'avons trouvé aucun document, aucune tradition populaire qui puisse mettre sur la voie pour constater l'origine de notre belle race asine.

La production de la mulasse existait en Poitou longtemps avant le XVIIIe siècle, mais il paraît incontestable qu'elle était alors infiniment plus restreinte qu'aujourd'hui. Antoine Bernard qui écrivait, pendant la dernière moitié du XVIe siècle, sa chronique du Langon, localité où l'industrie mulassière constitue aujourd'hui l'une des branches principales de l'agriculture, Antoine Bernard ne parle qu'une seule fois des mules, c'est en 1570, dans le passage suivant, ayant trait aux guerres de religion qui, alors, ensanglantèrent aussi le sol du bas Poitou.

« Le jour de la Madelaine, Hilaire Bernard, mon frère,
« trépassa, et la vigile Saint-Jacques (25 juillet) en suivant,
« les papistes furent à Mouzeuil, où ils firent grand dommage,
« mêmement au prieuré, où ils tuèrent M. de Jazeneil, qui
« disait avoir acheté des princes ledit prieuré ; d'autres y
« furent pareillement tués, des mules et autres bêtes emme-
« nées. Et s'en allèrent soudain et en passant par le Lan-
« gon [1]. »

Il est certain que le chroniqueur n'eût pas manqué de faire plus souvent mention des mules et surtout des baudets, si ces animaux eussent eu, à cette époque, une assez grande importance. La chose nous semble d'autant plus probable, qu'en citant les fréquents pillages des guerres de religion, où il est souvent question d'enlèvement d'autres animaux domestiques, même de peu de valeur, Bernard n'eût pas oublié de parler des ânes étalons, bien faits pour exciter la convoitise des pillards, si leur valeur eût quelque peu été en rapport avec ce qu'elle est aujourd'hui. Il est donc certain que l'industrie

---

[1] Extrait de *Chroniques fontenaisiennes*; Fontenay, 1841.

mulassière existait en Poitou à la fin du xvie siècle ; mais il est probable que producteurs et produits étaient d'une valeur minime.

Dans l'arrondissement de Fontenay, il existe actuellement 86 baudets affectés au service de la monte, et distribués en vingt-trois stations. Nous allons citer les communes où se trouvent les stations et le nombre des animaux par commune. Commune de Benet, 5 ; Maillezais, 12 ; Xanthon-Chassenon (Pineau), 4 ; Payré-sur-Vendée, 4 ; Cezais, 6 ; Réaumur, 6 ; Sérigné (Barrière), 5 ; Doix, 3 ; Velluire (Nizo), 4 ; Vix (Théré), 1 ; Vouillé-les-Marais, 6 ; le Poiré-de-Velluire, 5 ; le Langon, 3 ; Mouzeuil, 2 ; Saint-Martin-sous-Mouzeuil, 4 ; Marsais-Sainte-Radégonde, 4 ; Saint-Laurent-de-la-Salle, 3 ; Saint-Juire-Champgillon, 5 ; Sainte-Hermine, 2 ; Saint-Jean-de-Beugné, 2.

Dans chaque station, que l'on nomme aussi *atelier*, l'on rencontre une ou deux ânesses, un, deux et même quelquefois trois chevaux étalons ; puis, un boute-en-train que l'on prend généralement dans la race des petits chevaux du bocage.

Le baudet est trop grand seigneur pour faire pédestrement une route quelque peu prolongée. Aussi, quand son propriétaire change de demeure, ou quand il va l'acheter au loin dans le centre du Poitou, le bourriquet fait le voyage en se prélassant noblement dans une voiture, à la façon des rois fainéants.

Dans tous les ateliers bien tenus et un peu éloignés des bourgs, l'on rencontre une forge et tous les instruments de maréchalerie. Au besoin, le propriétaire sait lui-même forger un fer, parer les pieds de ses animaux, et surtout saigner les cavales qui viennent à la monte. Le local du haras est disposé d'une manière à peu près uniforme et toute particulière. Il se compose presque constamment d'une sorte de grange ayant de 12 à 15 mètres de long sur à peu près 10 de large. Les loges des reproducteurs sont placées sur deux rangs de chaque côté du local ; le reste sert pour le manége où s'effectue la monte. Quelquefois aussi, on y dépose les fourrages destinés à la nourriture journalière des animaux. Les cellules sont toutes construites en planches et n'ont guère plus de 3 mètres sur chaque face. Par le haut, elles sont toutes découvertes et communiquent avec le corps de bâtiment. Sur une des parois de chaque loge ou quelquefois à la porte, l'on pratique une petite lucarne. C'est là que chaque baudet met le nez pour flairer ce qui entre dans l'atelier, et pour entretenir avec ses camarades un chœur diabolique destiné, pendant au moins cinq minutes, à saluer infailliblement tous les visiteurs.

Le baudet a, dans sa loge, un ratelier pour tout meuble; il est libre dans son petit local, et porte ordinairement au cou un licol de cuir, auquel on adapte la longe chaque fois qu'on veut le faire saillir.

La monte, que l'on nomme plus particulièrement *bridée,* se fait en main et ne présente rien de bien particulier; seulement pour animer ceux des animaux qui *ne vont pas bien, qui ne travaillent pas bien,* l'on est obligé de *trelander*[1], et de leur faire des caresses sur le dessous du ventre et même sur les organes génitaux. Quelques-uns n'entrent en action qu'à la vue d'une ânesse, que l'on a soin de leur retirer pour leur substituer la jument quand une fois ils sont bien préparés.

Dans le fort de la monte, chaque baudet fait par jour 5 à 6 *bridées.* Il peut aisément saillir pendant les quatre ou cinq mois de la monte de 75 à 80 juments. Il est de remarque qu'au baudet, chaque jument est, en moyenne, plus de fois saillie qu'au cheval.

Le baudet vit d'habitude plus vieux que le cheval étalon, malgré que ce dernier fasse, chaque année, un bien moins grand nombre de saillies. Il n'est pas rare de trouver des bourriquets âgés de vingt et même vingt-cinq ans, et qui font encore autant de bridées que les plus jeunes. Le prix de la monte d'une jument au baudet se paie d'habitude 12 fr., plus,

---

[1] *Trelander* signifie, dans le langage du Poitou, chanter sans prononcer de mots particuliers, mais en se servant des syllabes *tra* et *la.*

un pour-boire de 60 c. Quelques chefs d'atelier font payer 15 et même 18 fr. Ces derniers prix sont tout à fait exceptionnels dans le pays; ils ne seraient cependant, certes, pas trop élevés pour que le chef d'atelier pùt y faire quelques bénéfices. Avec le prix ordinaire de 12 fr., et en portant, chaque année, à 50 le nombre des juments que chaque baudet saillit en moyenne, il en résulte que chacun de ces animaux rapporte à son maître, terme moyen, 600 fr. Or, si de cette somme l'on retranche la nourriture de l'animal, l'intérêt du prix de sa valeur, son usure, le gage du garde-étalon, etc., l'on peut voir quel minime bénéfice il reste au bout de l'an au propriétaire d'un haras.

Hors le temps de la monte, chaque bourriquet reçoit à peu près 6 à 7 livres de bon foin pour toute ration. On lui donne à boire dans un baquet que l'on a soin d'enlever aussitôt. Sans cette précaution, les animaux s'amuseraient infailliblement, en manière de passe-temps, à le briser avec les dents. La précaution de donner le foin à plusieurs fois n'est non plus pas négligée; car, outre que le baudet mange très-peu, il est très-délicat sur sa nourriture, et rejette le fourrage aussitôt qu'il a soufflé dessus. Pendant la monte, chaque baudet reçoit, en outre de sa ration journalière de foin, 2 litres 1/2 à 3 litres d'avoine, puis, à peu près, 1/2 litre de ce même grain à chaque bridée. Dans les ateliers bien tenus, l'on est, pour ce qui concerne l'avoine, loin d'être invariable dans cette règle. On en diminue même la ration au moment où le travail est plus actif, et on la remplace par du pain, de la farine, du son, des criblures, vulgairement *drosses,* toutes nourritures qui, il est vrai, donnent moins de vigueur à l'animal, mais qui aussi le rendent bien plus prolifique, font que ses saillies sont constamment meilleures.

Le baudet n'est jamais étrillé; jamais non plus on ne lui taille les quelques crins qu'il possède. On se contente seulement de lui parer, de temps à autre, les pieds pour éviter les déformations du sabot, sinon très-préjudiciables, au moins très-ennuyeuses.

La production du baudet est on ne peut plus difficile, même

dans l'arrondissement de Melle, et c'est cette difficulté dans l'élevage qui, surtout, rend considérable la valeur de ces animaux. Les propriétaires des Deux-Sèvres, jaloux d'un monopole si avantageux pour eux, sont peu soucieux de faire connaître leurs procédés d'éducation. Ils voudraient même faire croire qu'eux seuls possèdent de prétendus secrets pour l'élevage de la belle race asine. Et ils ne manquent pas d'affirmer non plus que le climat de Melle est aussi le seul qui convienne aux jeunes animaux de cette race. Nous ne savons au juste jusqu'à quel point cette dernière opinion est fondée. Il nous eût fallu étudier plus attentivement le climat et la topographie des environs de Melle. Nous ne croyons cependant pas que la différence avec nos contrées soit assez sensible pour entraîner des résultats aussi différents. Quant à ces prétendus moyens spéciaux seulement connus des éleveurs des Deux-Sèvres, nous sommes loin d'y ajouter foi. Nous pensons que si nos voisins ont une réussite plus certaine que nous, c'est qu'eux seulement ont la patience et l'habitude de soigner ces jeunes animaux. Du reste, pour lever à ce sujet tous nos doutes, nous nous sommes adressé à M. Rouillé, vétérinaire à Melle. Il nous a assuré que tout le secret se résumait à entretenir les mères avec soin, à les bien nourrir, puis à convenablement soigner les jeunes sujets, principalement dans les premiers jours de la naissance.

Dans l'arrondissement de Fontenay, il est assez rare de rencontrer des baudets nés et élevés dans le pays, et l'on pourrait peut-être l'attribuer à ce que, chez nous, les mères sont loin d'être aussi bien entretenues que chez nos voisins des Deux-Sèvres. Toute l'année, elles vont au champ chercher leur nourriture. Leur logement est souvent aussi loin d'être bien convenable. Nos éleveurs manquent d'assiduité pour les mères dans les derniers temps de la gestation, puis pour les jeunes sujets immédiatement après la naissance. Si, continuellement, l'on entretient dans chaque station une ou deux ânesses, c'est que l'on comprend qu'une seule réussite paie les dépenses même de vingt années. Si, jusqu'à la naissance du jeune sujet, l'on a fait preuve d'une si grande per sévérance, pourquoi ne pas redoubler de soins au moment le plus difficile? L'on ne réussit que rarement, dit-on, mais n'en est-il pas de même dans les Deux-Sèvres, où cependant l'on ne se décourage pas? Puis, ce peu de confiance que l'on a dans le succès et le découragement qui en est la suite, ne peuvent-ils pas être eux-mêmes, chez nous, la cause du peu de réussites? Nous avons, du reste, dans nos environs quelques ateliers, très-rares il est vrai, où non-seulement les propriétaires parviennent à s'entretenir d'animaux, mais où ils en élèvent de manière à pouvoir encore en vendre quelques-uns. Nous ne doutons pas qu'avec des soins, il fût possible à la majorité de nos propriétaires de baudets d'arriver à un résultat analogue.

L'époque de la monte des ânesses n'est pas rigoureusement fixée. Elle dépend des chaleurs de l'animal. Dans le but d'une réussite moins incertaine et d'avoir de meilleurs produits, les bourriques ne sont d'habitude livrées au mâle que d'une année l'autre. A moins que, comme cela n'arrive que trop souvent, le jeune sujet soit mort au moment ou peu de temps après la naissance, ou à moins encore que la mère n'ait avorté. On ne manque pas de choisir pour les belles ânesses les plus beaux baudets que l'on puisse se procurer, même en dehors des ressources de chaque atelier. C'est même quelquefois à d'assez grandes distances qu'on va les livrer à l'étalon.

Quant à l'amélioration des soins hygiéniques à donner à notre belle race asine, l'on conçoit que nous ne pouvons ici que nous abstenir. Il est vrai qu'entre le mode d'entretien de ces animaux et les principes généraux d'hygiène unanimement admis, il y a une bien grande différence. Mais entre le baudet du Poitou et tous les autres animaux, n'y a-t-il pas une bien grande différence aussi? En outre, nous possédons des animaux que tout le monde nous envie; on peut les dire parfaits pour l'usage auquel nous les destinons; pourquoi alors nous engager dans des voies d'amélioration qui, peut-être, tourneraient au désavantage de la race?

Il est une recherche cependant vraiment utile, c'est de déterminer positivement les causes qui, même dans l'arrondissement de Melle où les ânesses sont cependant si bien soignées, rendent l'élevage du baudet si difficile. Un savant professeur demandait, il y a peu, si les soins si assidus, si la nourriture si abondante, n'étaient pas les causes des fréquents insuccès. Nous répondrons à ceci que chez nous, où les soins donnés aux ânesses sont loin d'être exagérés, les insuccès sont plus nombreux encore. Ce qu'il y a de curieux, c'est qu'il est encore assez facile d'élever des femelles, tandis que les mâles sont très-exposés à mourir dans les premiers jours de la naissance. Les avortements sont très-communs chez les ânesses, sans qu'on puisse leur assigner de causes. Quand une femelle avorte deux ou trois fois de suite, il est probable qu'elle n'arrivera jamais à conduire son produit à terme. De telles femelles sont, en conséquence, rigoureusement exclues de la reproduction.

Pour ce qui concerne les grands moyens d'amélioration, ceux que le gouvernement a à sa disposition, nous nous abstiendrons encore. D'abord, parce que l'administration des haras répondrait bientôt que l'industrie mulassière, que peut-être elle regarde comme un fléau, n'a pas besoin d'encouragements pour prendre un développement considérable. Puis, nous n'avons que bien peu de confiance dans l'efficacité de ces légères sommes distribuées chaque année à titre de prix et de primes. Si l'administration départementale et les comices, qui, eux, ont le droit de ne pas penser comme les haras, croient qu'un tel encouragement puisse être utile, c'est une somme d'au moins 200 fr. qu'il faudrait donner chaque année aux plus beaux baudets.

Les baudets ne donnent lieu, chez nous, qu'à très-peu de transactions commerciales. Tous ceux que nous possédons sont, en général, destinés à finir leurs jours dans leurs cellules; et, pour remplacer ceux qui meurent, nous avons recours aux Deux-Sèvres; c'est à la source même que nous allons puiser. Le prix des baudets est très-élevé : il faut pour s'en procurer de bons parler de 4,000 fr. ou davantage. Il n'en vient que rarement, chez nous, dont le prix soit inférieur à 3,000 fr.

Les ânesses font aussi l'objet de quelques transactions commerciales, mais toujours à un prix qui n'est nullement proportionné à celui des mâles. Il faut qu'une bourrique offre des formes bien irréprochables pour qu'elle puisse être vendue plus de 600 fr.

Les maladies qui affectent nos baudets étalons peuvent être divisées en deux catégories. Les unes sont internes et aiguës; les autres, généralement sous un type chronique, affectent les membres. Au nombre des premières, l'on peut citer les congestions pulmonaires comme celles qui, de toutes, sont les plus fréquentes; puis, les irritations bronchiques et intestinales par suite de l'abus des saillies et de l'usage immodéré de l'avoine pendant la monte. Quant aux affections des extrémités, nous pouvons citer les déformations des sabots, telles que : encastelure, pied-bot, fourbure chronique; toutes maladies résultant du séjour continuel des baudets dans leurs cellules. Les eaux aux jambes et le crapaud sont aussi des affections très-communes, mais que l'on ne soumet à aucun traitement. La première de ces deux maladies est, disent les agriculteurs, le *brevet de santé* des animaux. Enfin, il est aussi quelques baudets dont la marche est très-difficile, sans que pour cela les extrémités présentent des déformations quelconques; nous croyons que ce résultat est alors dû à des rhumatismes ou à une sorte de goutte.

En Poitou, comme dans toutes les autres localités de la France, nous possédons aussi de ces petits animaux de l'espèce asine, rabougris, épuisés par le travail et les mauvais soins. Comme partout aussi, ils sont d'un grand secours pour les petits cultivateurs.

Dans quelques communes du marais, il n'est pas de prolétaire qui ne possède un de ces petits animaux. C'est le pauvre petit âne qui charroie ses fèves, ses bouses, son foin, etc. Encordé sur le bord des chemins, il vit la plus grande partie de l'année sans rien coûter à son maître. L'hiver, relégué dans le coin le plus obscur de l'étable, il reçoit pour nourriture ce qu'a refusé la vache. Le marais possède à lui seul plus de ces animaux que toutes les autres contrées de l'arrondissement, et l'on peut évaluer à 800 ou 1,000 leur nombre total.

Nous n'osons conseiller l'amélioration de cette petite race asine par les croisements avec nos grands baudets; il serait à craindre que l'on n'arrivât, par cette pratique, à de mauvais résultats. Cependant nous croyons que l'on pourrait encourager des essais partiels, et si l'entreprise n'était pas couronnée de succès, les dépenses qu'elle occasionnerait ne seraient au moins pas très-considérables.

§ II.

De la mulasse.

On ne sait, au juste, à quelle époque apparurent les premiers mulets, ni si ce fut l'homme qui eut l'idée d'accoupler l'âne à la jument pour en obtenir l'un des plus précieux animaux de travail que nous possédions aujourd'hui; ou bien si le hasard se chargea de ce soin. Toujours est-il que depuis un temps immémorial, le mulet est employé, surtout dans les chemins montueux et difficiles, au trait, au bas ou à la selle. Plein de sobriété et d'énergie, il se contente de peu et peut être impunément soumis aux plus pénibles travaux. Le mulet a, en effet, hérité de son père un tempérament sanguin-nerveux, un pied plus sûr, une conformation plus énergique; puis, de sa mère une taille plus élevée, des formes plus arrondies, plus musculeuses.

L'industrie mulassière, si avancée en Poitou, n'en prend pas moins, chaque année, un plus grand développement malgré les nombreuses contrariétés de l'administration des haras. La reproduction des mulets s'étend plus particulièrement aujourd'hui dans les départements de la Vendée, des Deux-Sèvres, de la Vienne, de la Charente et de la Charente-Inférieure. La mulasse se trouve dans notre département presqu'entièrement confinée dans la plaine. L'on peut, en effet, voir, d'après la disposition des stations de baudets, qu'elle s'étend depuis la limite du département aux Deux-Sèvres jusqu'à la route qui, de Marans, va à Chantonnay par Sainte-Hermine, puis de la limite du bocage à celle du marais.

Mais si elle ne s'éloigne, chez nous, que rarement du calcaire, s'en suit-il qu'un semblable sol soit indispensable aux jeunes sujets de la mulasse? Il peut bien y avoir quelques fondements à admettre une semblable supposition; car nos plaines calcaires offrent, aux jeunes mules, un air plus pur, un climat plus constant que dans les autres parties de l'arrondissement. En outre, le travail des produits est moins fatigant sur un sol perméable, avec une terre légère et dans des chemins moins bourbeux. Cependant, nous pensons qu'admettre cette opinion comme tout à fait exclusive serait aller beaucoup trop loin. Nous croyons seulement que le sol calcaire présente des éléments plus certains de succès. Quand nous nous sommes livré au dénombrement des mulassières, nous les avons, en conséquence, toutes supposées en plaine, vu qu'il serait bien difficile de signaler le très-petit nombre de celles que l'on rencontre en marais ou en bocage.

Le choix des juments, destinées à la reproduction des belles mules, est, on le concevra, de la plus haute importance. Autant que possible, on devra les prendre dans la grosse race des chevaux du pays, et elles seront d'autant meilleures qu'elles se rapprocheront davantage des formes que nos éleveurs recherchent plus particulièrement dans les animaux de l'espèce chevaline. C'est dire qu'elles devront avoir des formes massives, le ventre volumineux, le bassin large, l'encolure forte, la tête carrée, les pieds plats, les membres forts, chargés d'épais fanons, ce qu'on appelle vulgairement, chez nous, de *belles moustaches*. A défaut de juments ainsi constituées, l'on doit de préférence s'adresser aux grosses juments bretonnes, les seules qui puissent, avec moins de désavantage, remplacer celles de notre race.

Les mulassières de l'arrondissement ne sont pas, en général, aussi bien entretenues que chez nos voisins des Deux-Sèvres. On ne leur prodigue pas, chez nous, l'avoine et le pain, comme cela se pratique, dit-on, dans l'arrondissement de Melle. Les soins hygiéniques, auxquels elles sont soumises, offrent de grandes ressemblances avec ceux que l'on donne aux poulinières. Les unes et les autres sont, en effet, quelquefois laissées complétement oisives (comme disent nos cultivateurs, *elles ne portent que des mouches*). D'autres fois, elles sont entre elles, ou avec leurs jeunes produits, soumises aux travaux agricoles. Les mulassières passent constamment l'hiver à l'écurie. Leur logement est souvent loin d'être distribué d'après toutes les règles d'une bonne hygiène ; mais comme nous allons bientôt nous occuper de la grandeur des écuries destinées à la mulasse, nous nous contenterons de dire qu'il faut aux juments mulassières encore plus d'espace qu'à leurs produits.

Le mulet du Poitou, que l'on peut dire être chez nous une source continuelle de richesses, et que l'Europe entière nous envie, est tellement connu de tout le monde, que nous croyons inutile ici d'en donner une description détaillée. Nous nous bornerons seulement à dire que l'on recherche une taille élevée, pourvu qu'elle s'accompagne de formes bien proportionnées ; mais qu'à une mule élancée, décousue, l'on en préfère une autre plus *ragotte*, c'est-à-dire moins haute de taille, mais plus ramassée, à formes plus potelées. On recherche aussi une tête portée haut, un poitrail large, des côtes arrondies, une croupe bien fournie, des cuisses et des épaules musculeuses, des jarrets larges, des canons forts. Puis, quant au caractère, une grande docilité. Chez les mules que l'on achète *jetonnes*, c'est-à-dire âgées de moins d'un an, l'on recherche, comme chez leurs pères, de longs poils à la partie inférieure du corps.

En ne comprenant pas les jeunes muletons qui périssent dans les premiers jours de la naissance, on peut porter à 2,400 les animaux de l'année. Sur ce nombre, 1,600 partent entre six mois et un an, et vont dans le midi de la France terminer leur accroissement. Les 800 autres travaillent dans le pays jusqu'à trois à cinq ans. On peut évaluer à 3,600 les sujets de la mulasse, la plupart femelles, que l'on emploie, chez nous, soit aux travaux agricoles, soit au service du trait, soit à celui du bât. Les plus riches cultivateurs attendent ordinairement la cinquième année de leurs animaux pour s'en défaire ; mais beaucoup, pressés de réaliser leurs fonds, *les* vendent, quand ils sont d'un bon prix, dès l'âge de trois ans.

Les jeunes mules ne reçoivent généralement, pour nourriture, que le lait de leurs mères et l'herbe fraîche qu'elles paissent dans les champs et les pâturages. Quand, pressé de les vendre, on les veut faire rapidement engraisser, c'est du son, de la farine, des grains, en même temps que du bon foin, qu'alors on leur prodigue, et c'est dans une écurie obscure et peu aérée qu'on les enferme.

Dès l'âge d'un an, l'on fait travailler, chez nous, les jeunes sujets de la mulasse; c'est au trait et avec d'autres mules plus âgées, ou avec des juments, que d'abord on les emploie, puis ensuite on les destine au labour.

Les mules de travail sont, en plaine, soumises à une stabulation permanente. On les nourrit presqu'exclusivement avec du foin, rarement elles reçoivent de l'avoine. Ce n'est, comme nous venons de le dire, que quand on veut promptement les engraisser, qu'on les bourre de grains ou d'autres fourrages. Les mules, comme tous les animaux qui restent tout l'été à l'écurie, sont seulement soumises au régime du vert à l'écurie pendant un ou deux mois du printemps. Nous n'essaierons point ici à fixer la ration destinée journellement à chaque animal; car, si rationner les animaux offre des avantages sous le point de vue de l'économie et de la comptabilité, cette pratique n'offre pas moins de nombreux inconvénients, avec l'ignorance et le manque d'habitude d'observer qui caractérisent un grand nombre de nos campagnards. Ce sont là, du reste, des soins trop minutieux et auxquels nos cultivateurs ne s'habitueraient que très-difficilement. Nous recommanderons seulement de mettre de l'ordre dans les distributions, de les faire à des heures à peu près uniformément réglées. Un animal, grand mangeur, devrait recevoir plus qu'un autre qui mange moins; un grand plus qu'un petit, celui qui travaille plus que celui qui reste oisif. Nous recommanderons, autant que possible, de confier toujours aux mêmes hommes le soin des animaux et la distribution des fourrages.

L'écurie des mules ne diffère en rien de celle des chevaux[1] ; et, quand un propriétaire possède de ces deux sortes d'animaux, le même logement sert aux uns'et aux autres. Les écuries, dans nos campagnes, sont construites dans des proportions beaucoup trop restreintes. Elles sont peu larges, et chaque animal a presque constamment moins de 1 mètre 30 centimètres de râtelier. Nous avons vu, dans nos campagnes, beaucoup d'écuries où les animaux avaient à respirer, avec une aération souvent très-imparfaite, moins de 20 mètres cubes d'air. Les animaux, malgré des logements aussi exigus, ne sont guère atteints d'autres affections que de quelques bronchites ou pneumonies, dont les causes évidentes sont la chaleur et l'impureté de l'air des écuries, auxquelles succède un froid assez vif quand les sujets sortent pour le travail. Les animaux que l'on n'entretient pas pour la graisse, ceux que, comme les mulets, l'on élève surtout dans le but, plus ou moins éloigné, d'un travail pénible, ne peuvent avoir des logements trop aérés. L'on sait, d'après les expériences de M. Boussingault, que plus la respiration est active, plus la consommation d'hydrogène et de carbone est considérable, et plus les tissus adipeux sont rares dans l'économie; mais aussi plus l'animal est énergique et susceptible de soutenir à un travail pénible et prolongé. Des formes arrondies, un embonpoint modéré, sont utiles et gracieux chez la mulasse comme chez les autres animaux domestiques ; mais pour ceux qui nous occupent particulièrement ici, il ne faut pas que cet embonpoint soit dû à l'empâtement des tissus. Il doit être l'effet de muscles proéminents, accompagnés d'une quantité le moins considérable possible de tissus adipeux. Or, des écuries étroites et encombrées, où l'air contient proportionnellement moins d'oxygène, ont un effet analogue à une respiration peu active, et prédisposent, en conséquence, à l'accumulation de la graisse.

---

[1] Ce que nous allons dire ici peut tout aussi bien s'appliquer aux logements de l'espèce chevaline qu'à la mulasse. Si nous n'avons pas traité cette question dans le chapitre précédent, c'est que la stabulation est plus particulière aux mules qu'aux chevaux de nos contrées, et qu'il nous a semblé toujours préférable de reléguer les parties applicables à plusieurs sortes d'animaux, à celle des espèces à laquelle de telles considérations ont plus particulièrement trait.

La dimension des écuries a été dans ces dernières années longtemps à l'ordre du jour. La commission nommée par l'administration de la guerre avait pensé que, pour qu'un animal pût s'entretenir en parfaite santé, il lui fallait à respirer 50 mètres cubes d'air. L'Institut, consulté aussi sur le même sujet, pensa que 30 mètres cubes étaient suffisants. Nous pouvons à la rigueur, pour les mulets, nous servir de ce dernier chiffre, pourvu que l'aération des écuries ne soit pas négligée, et pourvu aussi qu'elles soient entretenues avec beaucoup de soins et de propreté. Ainsi, pour une écurie à un seul rang et destinée à loger dix animaux, il faudrait, si sa hauteur était de 3 mètres 50 centimètres et sa largeur de 5 mètres, 18 mètres de longueur ; car alors chaque animal aurait à respirer 31 mètres 50 centimètres cubes d'air. Il ne faudrait pas non plus négliger l'établissement des portes et des fenêtres, ainsi que des cheminées d'appel, ou, ce qui coûte beaucoup moins, d'enlever de distance en distance quelques tuiles à la toiture, afin de laisser à l'air un libre cours de bas en haut.

La propreté des écuries est une chose si essentielle, qu'il est inutile ici de s'en occuper longuement. Nous conseillerons seulement de faire disparaître ces nombreuses toiles d'araignées, que la négligence ou de vieux préjugés font conserver encore. La construction de la mangeoire n'est pas toujours dirigée d'après toutes les règles ; mais comme nos animaux ne boivent ordinairement pas dans l'écurie, et comme ils ne reçoivent que très-peu d'avoine, on peut presque considérer ce meuble comme d'utilité secondaire.

Les mulasses ne sont que rarement soumises au pansement de la main ; selon l'expression de nos cultivateurs, *on les étrille à coups de fourches.* Cependant, pour ces animaux comme pour tous autres, la propreté est pour l'entretien de la santé un aide puissant et que l'on ne doit pas négliger.

La castration des mulets a ordinairement lieu au printemps de leur deuxième année. L'opération n'est que rarement dangereuse. L'âge d'un an à quinze mois n'est pas beaucoup trop avancé pour cette mutilation. Cependant, nous pensons que l'on ferait peut-être bien de l'effectuer dans le courant de leur première année, aussitôt que les testicules sont descendus.

Le commerce auquel la mulasse donne lieu est très-étendu, et nous met en relation avec l'Espagne, tout le midi de la France et beaucoup de nos colonies. L'on vend chaque année, généralement pour le midi de la France, 1,600 jeunes sujets n'ayant pas encore atteint l'âge d'un an et plus particulièrement connus sous le nom de *jetons* ou de *jetonnes*. Le prix de ces jeunes animaux est constamment très-élevé. Les plus belles jetonnes valent jusqu'à 5 ou 600 fr. ; mais le prix moyen est d'ordinaire de 350 à 400 fr. Il est de remarque que, pour ces jeunes animaux comme pour ceux d'un âge plus avancé, une mule vaut, à égalité de conformation, toujours au moins un tiers de plus qu'un mulet.

Les autres animaux que, dans le pays, l'on soumet à différents travaux, font aussi le sujet d'un commerce très-étendu; tous les ans il part à peu près 1,200 mules ou mulets, âgés de trois à cinq ans. Il ne se vend chaque année qu'un nombre restreint de *doublonnes*, c'est-à-dire de mules âgées de deux années. La plupart des mules d'âge que nous vendons vont en Espagne ou dans le midi de la France. Les colonies nous en enlèvent aussi un certain nombre âgées d'au moins quatre ans. Les plus belles mules adultes valent jusqu'à 1,000 fr., mais leur prix moyen est d'environ 700 fr. Les plus beaux des animaux, les plus forts sont toujours achetés au prix le plus élevé par les marchands du Languedoc. Les mules les plus élancées, les plus légères se vendent encore un bon prix pour l'Espagne. Celles qui sont destinées à l'exportation dans les colonies, sont les moins belles, car on y met toujours un prix beaucoup moins élevé. Ce sont les foires de Fontenay, de Nieuil-sur-l'Autise, d'Oulmes, et dans les Deux-Sèves, de Niort et de Champdeniers, que les marchands étrangers fréquentent plus particulièrement. Dans beaucoup de circonstances, ils parcourent aussi les campagnes ou improvisent des marchés de mules en faisant annoncer dans les communes que tel ou tel jour, il y aura une assemblée de mules dans telle ou telle localité. Les paysans en grand nombre ne manquent jamais de répondre à cet appel.

En 1845, le dépôt de Saint-Maixent et ses succursales ont dû fournir 1,300 de ces animaux, mais il est à regretter que ces achats ne puissent pas être uniformes. En outre, comme l'armée ne paye ses mulets qu'un prix inférieur au commerce, il en résulte qu'elle ne peut nous enlever que les moins bons de ces animaux.

Pour remplacer les mules d'âge dont nos cultivateurs se défont chaque année, ils achètent à leur tour des jetonnés, soit dans le département même, soit dans les Deux-Sèvres, généralement aux foires de Champdeniers. On peut évaluer à plus de 400 les jetonnes que chaque année nous tirons du dehors.

La mulasse est très-peu sujette aux maladies, et ceci peut s'expliquer par la constitution plus robuste de ces animaux, et par le jeune âge de tous ceux que nous entretenons. En général, les affections présentent un caractère franchement inflammatoire et s'accompagnent quelquefois de symptômes nerveux.

Les maladies de poitrine, les entérites et le vertige sont les affections internes les plus fréquentes. On peut les attribuer soit aux variations atmosphériques, soit aux mauvais logements, soit enfin à des causes locales. Les coliques inflammatoires et les indigestions de vert se montrent aussi quelquefois.

Les mulets sont loin aussi d'être complétement exempts des affections avec altération du sang, dont nous avons parlé, et dont nous parlerons encore, surtout au sujet de l'espèce bovine.

Le crapaud est, sans contredit, dans nos campagnes, la maladie qui affecte plus fréquemment la mulasse. On ne peut que l'attribuer à la mauvaise tenue des écuries et peut-être à l'hérédité.

La fluxion périodique des yeux est proportionnellement aussi commune chez les mulets que sur les chevaux.

Enfin, pour les animaux nouveau-nés, les constipations

opiniâtres et l'arthrite aiguë méritent les mêmes considérations que pour le cheval. Seulement ces affections sont peut-être plus fréquentes sur la mulasse.

L'hématurie est une maladie commune chez les jeunes muletons. Les causes de cette affection nous semblent difficiles à déterminer. Il semblerait que le lait des mères les plus grasses, les plus énergiques fût pour quelque chose dans l'apparition de la maladie. Le pissement de sang est presque constamment mortel, et il n'est de chances de l'arrêter qu'en changeant le jeune sujet de nourrice.

CHAPITRE IV.

DU BOEUF.

—

§ Ier.

Races bovines de l'arrondissement. — Statistique. — Origine. — Des étables. — Élevage de l'espèce bovine. — De la castration des veaux. — Hygiène des animaux adultes. — De la vache laitière; ses produits.

Races bovines de l'arrondissement.

L'éloignement des grandes villes, l'assez grande fertilité du sol, font que dans nos contrées l'agriculture est l'industrie principale. C'est la source de toutes nos richesses, le but de notre sollicitude continuelle.

Sans vouloir absolument nous en rapporter aux seuls soins de la providence, et tout en disant à l'homme : « Aide-toi, si tu veux que le ciel t'aide », l'on peut presque aujourd'hui, avec l'ignorance et l'apathie de beaucoup de nos campagnards, poser en principe que généralement l'agriculture ne progresse qu'en raison des besoins pressants de l'humanité. Aussi voit-on la population laborieuse dans les contrées où le sol est peu fertile, et l'agriculture faire de rapides progrès près des grands centres de population. C'est que les besoins pressants sont un puissant stimulant ; puis, en outre, les débouchés sont, sans contredit, le plus certain des agents du progrès.

La culture alterne, aidée de la stabulation permanente et de l'exécution des travaux agricoles par les animaux de l'espèce chevaline, est aujourd'hui reconnue comme le plus grand perfectionnement agricole. Par ce mode de culture, l'espèce bovine entre entièrement dans la catégorie des animaux de rente, et le but principal de son élevage devient l'engraissement dans un âge peu avancé.

D'après tout ce que nous savons sur la culture de la Vendée, et pour les raisons que nous venons de citer, l'agriculture de notre arrondissement n'est point encore arrivée à exclure les bœufs des travaux agricoles. La prédominance des bêtes bovines est même considérable sur les autres espèces domestiques. Ce sont elles qui forment la presque totalité du cheptel d'un grand nombre des propriétés rurales.

La désignation caractéristique des races bovines de l'arrondissement est, il faut le dire, chose plus facile que la description des races chevalines. L'on peut, plus aisément que sur le cheval, suivre l'effet des croisements des races du pays, entre elles ou avec des animaux étrangers. Nous croyons néanmoins préférable de suivre la même marche que pour l'espèce chevaline. Nous pensons qu'il est plus avantageux de décrire les caractères que l'on recherche généralement, et de désigner ceux de ces caractères qui manquent le plus souvent. Par ce moyen, l'on fait connaître alors, et la race telle qu'elle existe, et ce qu'un cultivateur doit rechercher pour pouvoir, le plus avantageusement, se défaire de ses animaux et en retirer le plus de profit possible.

En marais, l'on veut des bœufs à haute stature, bien membrés, à tête forte, à mufle et yeux noirs entourés l'un et l'autre d'un cercle blanc, à cornes gracieusement contournées, noires à leurs extrémités et blanches dans leurs parties inférieures. L'on veut une encolure forte, à fanon ondoyant s'étendant depuis la région de l'auge jusqu'en arrière des membres antérieurs et descendant le plus bas possible. L'on recherche un poitrail large, des côtes arrondies, un dos horizontal, des reins larges, un ventre volumineux, des hanches et des articulations coxo-fémorales bien sorties, une queue attachée ni trop bas, ni trop haut et à crins noirs. L'on aime des cuisses et des épaules musculeuses, des jarrets et des genoux larges. Autant que possible, l'on recherche un poil de couleur cerise. Mais ce serait sans doute bien vainement que l'on chercherait en marais un bœuf ainsi constitué, c'est-à-dire parfait pour le pays. A chacun des animaux il manque infailliblement les uns ou les autres de ces caractères. Le poil cerise, plus commun que jadis, est loin d'être partout exclusivement le seul. Beaucoup de bœufs sont gris, de couleur lavée, noirs ou à poil pie ; ces deux dernières robes sont surtout les moins estimées. Le mufle noir ne se rencontre pas toujours non plus. Quelques bœufs l'ont rouge ainsi que le tour des yeux, et ils sont dits *bouchards*. D'autres, sans présenter à cette partie le cercle estimé de couleur blanche, ont le mufle fumé ; on les dit *barbouillés ;* leur pelage est généralement de couleur foncée. Quant aux formes, celles qui manquent le plus ordinairement sont, sans contredit, l'ampleur de la croupe et la rondeur des côtes. Il est beaucoup plus commun de voir, selon l'expression du pays, un bœuf manquer dans son derrière que dans son devant.

En plaine, l'on recherche généralement les mêmes caractères qu'en marais, mais l'on tient moins à une taille élevée, et davantage à la robe que l'on estime assez de couleur lavée. En un mot les bœufs que l'on entretient en plaine semblent être un mélange de la race du marais et de celle du bocage.

Le bocage possède en général de petits bœufs, appartenant à la race des *gatinais*, qu'aussi l'on nomme dans le pays *gatinots* ou *gatinois*. La taille de ces animaux varie suivant les localités, suivant que le sol est plus ou moins aride, suivant aussi les soins et le goût des agriculteurs. En général l'on tient moins à la taille qu'à la couleur de la robe et à la rondeur des formes. L'on recherche constamment une tête forte à mufle et yeux de couleur noire entourés de blanc, à cornes plus relevées. L'on veut aussi des côtes arrondies, des reins, une croupe et un poitrail larges, des cuisses et des épaules musculeuses, des membres forts. La robe est presque constamment d'un rouge cerise ou de couleur froment.

Les bœufs du marais sont mous, lymphatiques, peu susceptibles de faire de pénibles travaux sur des routes ferrées. Ils s'engraissent assez aisément et offrent alors un poids moyen de 350 à 400 kilogrammes viande nette.

Les bœufs du bocage ont un tempérament plus sanguin, ce qu'il faut attribuer aux soins hygiéniques mieux entendus et à l'air plus pur que les animaux respirent, bien plutôt qu'à la nature de l'alimentation elle-même. Ils sont plus rustiques, bons travailleurs et durs à la fatigue. Leur engraissement est assez facile, et ils fournissent une viande très-estimée. Leur poids moyen est alors de 200 à 250 kilogrammes viande nette.

Il ne faut pas croire que les caractères que nous avons dit être constamment recherchés par les agriculteurs, le soient par l'effet seul de leur imagination capricieuse. Tous y sont contraints, pour ce qui concerne la robe par la vente de leurs jeunes taureaux à l'âge de trente mois ; et, quant aux formes, pour qu'au moment de l'engraissement l'embonpoint paraisse plus satisfaisant, et pour qu'il n'y ait pas erreur au désavantage de celui qui vend.

Statistique.

Dans l'arrondissement de Fontenay-le-Comte, l'on peut compter à peu près 56,000 animaux de l'espèce bovine. Si, pour les raisons que nous avons citées au sujet du dénombrement des chevaux, l'on faisait le recensement au milieu de l'hiver, on les trouverait à peu près ainsi distribués.

En marais 19,000, dont environ 7,000 bœufs, 6,000 vaches, 3,000 à 3,500 jeunes animaux d'un an, et enfin 3,000 de deux ans. Les femelles n'entrent que pour un tiers dans ces deux derniers nombres.

En plaine, il existe à peu près 9,500 animaux de l'espèce bovine, dont 3,000 bœufs, 3,600 vaches, 1,500 jeunes animaux des deux sexes et de l'âge d'un an, puis un nombre un peu moins considérable de jeunes sujets atteignant leur deuxième année [1].

Enfin en bocage, l'on peut porter approximativement à 13,000 le nombre des bœufs de travail, et à 5,500 celui des vaches. L'on peut y compter encore 4,500 élèves d'un an, puis un peu plus de 4,000 de deux ans, ce qui donne pour cette contrée 27,000 animaux de l'espèce bovine à peu près.

Il résulte donc de ces données qu'en marais il existe presque un animal de l'espèce bovine par habitant et par un peu moins de trois hectares. Dans le bocage, le nombre des animaux de l'espèce bovine égale plus de la moitié de celui des habitants et un peu plus du tiers du nombre des hectares. Enfin en plaine il n'y a à peu près qu'un de ces animaux par six habitants et par un peu plus de huit hectares.

Origine.

L'origine des bœufs de l'arrondissement nous paraît varier comme leur forme extérieure, leur tempérament et leur taille. Les bœufs du marais peuvent bien, eux aussi, avoir été primitivement importés par les Hollandais et les Flamands. Le desséchement d'une grande partie du pays et sa première exploitation par des habitants des Pays-Bas, expliquerait aisément cette importation. Il est néanmoins vrai de dire que notre race bovine du marais ne ressemble pas en tous points aux bœufs hollandais; mais dans notre opinion, les croisements de toute sorte que l'on a fait subir aux bêtes bovines de nos localités, comme aussi l'influence du climat, pourraient suffisamment expliquer ces quelques différences. Il est du reste impossible de leur supposer une autre origine, car la race des bœufs maréchins ne ressemble nullement assez aux races qui nous entourent. La race hollandaise aurait donc

---

[1] Nous devons répéter ici que le nombre que nous donnons des animaux de l'espèce bovine de la plaine se trouve, de même que celui que nous avons donné de l'espèce chevaline, augmenté au détriment du marais, d'où l'immense partie des sujets tire sa nourriture. Ce sont bien les prairies du marais qui nourrissent la plupart des animaux de la plaine, et parmi ceux-ci plus particulièrement encore les bêtes bovines.

gagné dans nos marais quelque peu de propension au travail et même à l'engraissement, tandis que les femelles auraient perdu de leurs qualités comme laitières. La robe pie des bœufs hollandais aurait disparu, sans doute par la persévérance à ne livrer à la reproduction que les sujets dont le poil est uniforme. Cette persévérance se continue du reste encore aujourd'hui, et son introduction peut s'expliquer par la difficulté de se défaire des jeunes taureaux dont la robe présente quelques taches anormales.

La race des bœufs de la plaine offre une origine analogue à celle du marais. Le voisinage du bocage semblerait seulement avoir en quelque sorte déteint sur les bêtes bovines de la plaine, et il en est résulté la formation d'animaux intermédiaires, convenant parfaitement à un sol moins productif et moins mou que celui du marais, mais susceptible de nourrir de plus grands animaux que ceux de nos régions schisteuses et granitiques.

Le bœuf du bocage est de même race que les bœufs dits *gatinais* qui forment aussi le type de la race de Cholet. C'est dans les environs de Parthenay que l'on rencontre les plus beaux animaux de cette race. Dans le bocage vendéen, les animaux sont souvent dégénérés sous l'influence d'un sol stérile, d'une alimentation conséquemment moins abondante et de travaux souvent trop pénibles et trop prématurés. Très-énergiques comme tous les animaux de la localité, ceux-ci, quoique de petite taille, sont d'un grand secours pour l'agriculture du pays ; et, après avoir travaillé jusqu'à huit ou neuf ans, ils s'engraissent assez facilement et donnent une viande très-estimée. Espérons que sous l'influence du droit d'octroi au poids, la faveur dont jouissent, sur les marchés de la capitale, nos petits bœufs de bocage, s'accroîtra sensiblement encore.

Des Etables.

L'espèce bovine de notre arrondissement passe l'été au pâturage et l'hiver à l'étable. Il est bien rare de trouver des exceptions à cette règle, aussi peut-on l'admettre comme générale. Le logément des animaux de l'espèce bovine, plus

particulièrement connu chez nous sous le nom de *grange,*
varie de grandeur suivant l'importance de l'exploitation. Il
est des étables qui, en marais, contiennent jusqu'à 120 têtes
de bêtes à cornes, tandis qu'en plaine et en bocage il est
assez rare d'en rencontrer plus de 20 ou 30 dans le même
logement. En général nos agriculteurs aiment à avoir toutes
leurs bêtes bovines dans la même étable, afin de plus aisément surveiller le pansage, et peut-être bien aussi pour flatter
davantage le coup d'œil. Les grandes étables ont néanmoins
de nombreux inconvénients. Si un animal se détache, il
cherche à battre ceux qui sont attachés et peut plus aisément
choisir ses victimes, se jeter sur une vache pleine et causer
son avortement. Puis une même aération ne convient pas à
tous les animaux. Il faut un air pur et beaucoup d'espace aux
bœufs de travail et aux jeunes élèves; tandis que pour les animaux à l'engrais et les vaches laitières, un air moins pur,
plus humide, favorise davantage le but que l'on veut
atteindre.

L'espace donné à chaque animal est loin d'être suffisant.
On donne 1 mètre 10 centimètres à un bœuf, 1 mètre et quelquefois même seulement 90 centimètres à une vache, et à un
veau d'un an 50 centimètres au plus. A cela l'on donne pour
raison qu'avec plus d'espace les animaux se retourneraient le
long des crèches, s'exposeraient à s'y renverser, ou se bat-
traient plus aisément entre eux. D'abord, quant au premier
inconvénient, il est à peu près réel, mais bientôt nous dirons
notre manière de voir au sujet des crèches. Pour ce qui est
du second inconvénient, nous ne le croyons pas fondé, nous
pensons, au contraire, qu'avec un râtelier, un plus grand
espace donné aux animaux rendrait les coups de cornes beaucoup plus rares.

Avec le système de stabulation actuel, l'on est obligé de
placer les animaux, non pas par rang de taille, non pas par
ordre d'appareillement les uns à côté des autres, mais de
manière à ce que celui de droite inspire de la crainte à celui
de gauche, puis celui-ci à son suivant et ainsi de suite. Il en
résulte que souvent un jeune bœuf de trois ans se trouve for-

cément mélangé à de vieux animaux. En outre, si un animal
est battu par ses deux voisins, il ne peut prendre sa nourriture qu'après que les autres sont rassasiés. Ce dernier inconvénient est immense, on le concevra, et cependant il est loin
d'être le seul. Combien de fois arrive-t-il, avec un espace d'un
mètre seulement donné à chaque bœuf de travail, que deux de
ces animaux se couchent dos à dos, de manière à ce que l'in-
termédiaire ne puisse se reposer et soit souvent contraint de
passer tout une nuit debout. A moins que, ce qui est rare, la
prévoyance du valet de ferme aille jusqu'à faire lever les deux
animaux mal placés, pour permettre au troisième un repos
indispensable et une rumination plus aisée.

Voilà donc de puissants motifs à alléguer pour la modification du mode de stabulation. Nous savons bien que les fermiers répondront à ceci que les logements leur manquent et
qu'il ne leur appartient pas de faire reconstruire les étables.
Nous ne conseillerons même pas à tous les propriétaires la
reconstruction de leurs granges. Nous parlons ici pour les
constructions nouvelles que des circonstances particulières
ordonneront. Nous parlons aussi pour les fermiers auxquels
il est possible de donner à leurs bestiaux un plus grand
espace.

Avant de parler de la place que chaque bête bovine doit
avoir dans une étable, occupons-nous de la quantité d'air
nécessaire à la plus parfaite santé. Le problème de l'aération
est ici de la plus haute importance. Car si la différence de
l'air qui sert à la respiration est susceptible d'amener des
changements dans les résultats que l'on veut obtenir, il est
essentiel d'apprécier la cause de ces changements pour pouvoir plus sûrement atteindre le but que l'on se propose. Il est
bien prouvé, comme nous l'avons déjà dit, que l'air bien oxy-
géné use plus de sang, et qu'il faut, pour entretenir un animal dans un même état d'embonpoint, une quantité différente
d'aliments suivant l'aération de l'étable. Les expériences de
MM. Liebig, Payen, Dumas et Boussingault ont positivement
démontré que, plus la respiration est active, plus l'oxygène
est abondant dans l'air inspiré, plus il est enlevé au sang de

carbone et d'hydrogène, matériaux qui entrent plus particulièrement dans la composition des matières grasses.

Si l'on veut avoir un animal en parfaite santé, médiocrement gras, mais énergique, susceptible de faire un bon travail, il faut donc lui procurer un logement bien aéré, et une nourriture saine et légèrement excitante. Si au contraire, l'on veut obtenir d'un animal une grande quantité de graisse ou de lait, il faut le loger dans un lieu peu aéré, loin du bruit, et le nourrir avec des aliments plus aqueux, plus relâchants. Toujours dans le but de flatter davantage le coup d'œil, nos cultivateurs ont l'habitude de mettre leurs bœufs à l'engrais près de la porte d'entrée ; mais ils ne savent pas que pour la satisfaction de leur amour-propre, ils font quelquefois des pertes assez considérables. Que nos agriculteurs ne prennent pas pour chimérique la différence de la propension à l'engraissement, suivant une aération plus ou moins grande. Dans quelques localités de la France, les étables obscures, bien calfeutrées, sont usitées pour les bœufs à l'engrais et les vaches laitières. Il y a quelques temps nous fîmes part à un agriculteur, l'une de nos connaissances intimes, du résultat des observations des savants chimistes que nous venons de citer, et il put s'expliquer un fait qui jusque-là l'avait étonné : à savoir que les bœufs qui étaient placés près de la porte d'une de ses étables où chaque animal n'avait que 15 mètres cubes d'air à respirer, étaient constamment, à la fin de l'hiver, dans un état d'embonpoint moins satisfaisant que les autres, bien que cependant la nourriture fût la même pour tous ; mais aussi, qu'ils avaient, par compensation, une bien plus grande aptitude au travail. Il avait observé ce fait, trois années de suite, sans pouvoir s'en rendre compte.

On nous citait, il y a quelque temps, un fermier dont les animaux étaient ordinairement plus gras que ceux de ses voisins, mais dont les bœufs avaient beaucoup moins de propension au travail. Depuis deux ans ce fermier, habitué à un bétail dont l'aspect flattait son amour-propre, se plaignait de ne plus pouvoir entretenir ses animaux dans un état aussi satisfaisant d'embonpoint. Nous nous sommes enquis des causes qui pouvaient amener des résultats si différents : la nourriture et le travail ont toujours été les mêmes, nous a-t-on dit, et quant à l'étable, elle avait été reconstruite sur des dimensions plus considérables.

Nous voudrions dans les exploitations rurales au moins trois étables : l'une très-aérée, munie de portes convenablement disposées, de cheminées d'appel et de fenêtres nombreuses que l'on fermerait plus ou moins à l'aide de volets à bascule ; l'on donnerait aux grands animaux 1 mètre 50 centimètres de râtelier, et 1 mètre aux plus petits. Une autre étable, moins aérée, un peu plus obscure, renfermerait les vaches de la ferme, et chaque place serait d'au moins 1 mètre 30 centimètres. Enfin la troisième étable, placée loin du bruit, très-peu aérée, très-obscure, serait destinée aux animaux à l'engrais ; la place de chaque bœuf serait d'au moins 1 mètre 80 centimètres.

Nous pensons que 30 mètres cubes d'air est une quantité suffisante pour le bœuf, au parfait entretien de la santé. Nous recommanderons de construire des étables moins basses que ne le sont aujourd'hui la plus grande partie de celles des exploitations rurales, et de n'y mettre jamais que deux rangs d'animaux. L'on devrait substituer les râteliers aux crèches qui, outre l'inconvénient que nous leur avons cité, habituent les animaux à avoir constamment la tête basse, et permettent très-aisément l'altération des fourrages. Il faut aussi recommander une inclinaison très-modérée du pavé dans les places destinées aux vaches en état de gestation, et une élévation moins considérable du râtelier où doivent être placés les fourrages. Les étables doivent être entretenues autant que possible avec la plus grande propreté : l'on doit fréquemment faire disparaître le fumier, nettoyer les mangeoires, enlever les toiles d'araignées, etc.

Élevage des animaux de l'espèce bovine.

La production de l'espèce bovine est, dans beaucoup de contrées de l'arrondissement, la principale des industries agricoles. Il faut, pour qu'en marais un fermier puisse faire honneur à ses affaires, qu'il vende du bétail pour payer sa ferme. Les produits de la récolte servent à solder les frais de culture et constituent les bénéfices. Or, dans cette région, les animaux de l'espèce bovine prédominent sur tous les autres; la partie statistique de ce chapitre ne peut laisser aucun doute à ce sujet.

Les jeunes veaux naissent généralement en hiver, vers les mois de février ou de mars. Cette naissance précoce devient utile, indispensable même, en marais, où les fortes chaleurs de l'été agissent d'une manière souvent désavantageuse sur les jeunes sujets qui, pour y résister, ont besoin d'un développement déjà avancé, et d'organes digestifs susceptibles de digérer l'herbe des prairies alors totalement desséchée.

Le nombre des élèves est subordonné à la localité et à l'importance de l'exploitation. En marais, ce nombre égale la moitié de celui des bœufs; ainsi dans une cabane où 40 bœufs servent à l'exploitation, le nombre des élèves est ordinairement de 20, dont 12 ou 15 veaux mâles, puis 6 ou 8 femelles. Dans les propriétés de la plaine, l'on ne peut fixer positivement la quantité des élèves, cette quantité est généralement subordonnée à l'étendue des prairies dont l'on peut disposer en marais. Le bocage élève aussi un grand nombre de sujets de l'espèce bovine. Dans chaque exploitation le nombre des élèves égale constamment celui des vaches, et quelquefois même le surpasse.

Les jeunes veaux de la plaine et du marais sont, jusqu'au sortir de l'étable, placés dans un coin de ce local, dans un espace renfermé de claies. Les mâles et les femelles que l'on destine à être conservés, tettent alors chacun leurs mères; les femelles superflues sont, le plus tôt possible, vendues pour la consommation. Au sortir de l'étable chaque vache nourrice reçoit deux veaux mâles pour les allaiter toute l'année. Quant aux velles, elles sont sevrées dès cette époque; et, quelles que soient leurs souffrances, elles n'en sont pas moins abandonnées à elles-mêmes dans les prairies. Le sevrage des veaux se fait de lui-même, et souvent sans qu'on s'en aperçoive; quelques-uns tettent encore à la rentrée à l'étable.

Dans le bocage, chaque jeune sujet, quel que soit son sexe, tette une vache, ce n'est qu'exceptionnellement que deux petits veaux ont la même nourrice. Les mâles sont sevrés à l'âge de quatre ou de cinq mois et les femelles à trois. Les jeunes animaux sont ensuite placés dans les pâtis où ils ne reçoivent ordinairement pas de supplément de nourriture.

Les agriculteurs de nos contrées ont surtout pour but, dans l'élevage des veaux, de déterminer le développement précoce des formes massives que l'on recherche. Le mode d'alimentation, jusqu'à l'hiver de la première année, est évidemment susceptible, en marais surtout, de tendre vers ce résultat. Nous nous demandons seulement s'il y a bien, sous le point de vue pécuniaire, positivement avantage à en agir ainsi. En d'autres termes, si deux veaux étant donnés, l'un ayant été sevré, comme les femelles du marais, dès les premiers beaux jours du printemps, et l'autre ayant teté sa mère jusqu'en novembre, nous nous demandons si le premier offrira bien dans sa valeur, à l'âge de deux ans et demi, une différence en moins égale aux frais d'entretien de la vache nourrice, si le jeune sujet a seul consommé son lait ; ou à la moitié de ces frais, s'il a partagé ce lait avec un autre. La solution d'un semblable problème serait peut-être à l'avantage du sevrage immédiat. Cependant, notre but, ici, n'est point de demander que ce dernier mode d'élevage soit le seul usité. Nous avons tout simplement voulu faire ressortir combien était coûteux le mode d'élevage actuel. Nous pensons que l'on pourrait obvier à ces inconvénients, sans pour cela abandonner les jeunes animaux à eux-mêmes, dès les premiers beaux jours de leur premier printemps, et le moyen que nous proposerions serait l'allaitement artificiel. Dès la naissance, le jeune sujet serait sevré de sa mère, et recevrait pour boisson, d'abord du lait écrémé pur, puis mélangé avec du thé de foin. Plus tard, quand ses organes digestifs seraient assez développés pour digérer une assez grande quantité d'aliments solides, on lui donnerait du thé de foin pur ou mélangé d'une petite quantité de farine. Ce breuvage ne coûterait presque rien aux agriculteurs, et leur serait d'une précieuse ressource, puisqu'avec environ 1 kilogramme de bon foin, sur lequel on jette 10 à 12 litres d'eau, il est reconnu, d'après M. Perreau de Jotemps, que l'on obtient autant d'effets nutritifs qu'avec 2 litres de lait. Il est supposable qu'avec un semblable régime, mis à exécution d'une manière convenable, les jeunes veaux, à la fin de l'année, auraient une valeur de bien peu inférieure à celle des animaux qui, toute l'année ont teté leurs mères. En outre, les frais de main-d'œuvre ne seraient pas très-considérables, puisqu'une seule femme pourrait suffire aux soins d'un assez grand nombre de ces jeunes sujets. Du reste, que l'on considère le produit que l'on pourrait alors retirer du lait des vaches nourrices, et il sera facile d'en conclure les immenses avantages que ne manquerait pas d'avoir un semblable mode · d'élevage. Nous recommanderons surtout ce procédé aux habitants du bocage, où l'on n'est pas habitué à reculer devant des soins minutieux. Les agriculteurs du marais pourraient peut-être l'employer avec avantage, bien que dans les grandes exploitations de cette contrée, l'on s'occupe peu, trop peu peut-être, de tous les petits détails.

L'alimentation des jeunes veaux pendant l'hiver, où se termine leur première année ne présente rien de particulier. Elle se compose ordinairement de foin de bonne qualité et donné à peu près à discrétion.

Pendant leur deuxième année, l'entretien des jeunes sujets de l'espèce bovine n'offre, non plus, rien de bien particulier. La nourriture d'hiver se compose d'aliments de qualité inférieure ; et, au printemps, ils sont de bonne heure mis en liberté, soit dans les plus maigres des pâturages, soit dans les landes, pâtis ou bruyères.

De la castration des veaux.

La castration, que quelques auteurs ont appelée une mutilation barbare, est un mal nécessaire pour les produits mâles des races chevalines, et indispensable pour ceux des races bovines. Comment, en effet, pouvoir maîtriser ce taureau à la démarche fière, au regard énergique, fougueux même, si préalablement on ne lui enlève les attributs de son sexe, si l'on ne fait disparaître la prédominance sur l'organisme des organes essentiels à la génération? Puis, le bœuf n'est pas seulement destiné aux travaux agricoles; il doit en outre, tôt ou tard, approvisionner les boucheries; et il est impossible d'engraisser convenablement un taureau; jamais sa chair n'offrirait le goût agréable de celle du bœuf.

Dans les pays où l'unique destination du bœuf est l'engraissement, le meilleur mode de castration est sans contredit l'ablation complète des testicules dans un âge encore peu avancé. Mais chez nous, où les animaux doivent travailler avant tout, on a l'excellente habitude d'employer le bistournage qui, tout en abolissant la sécrétion spermatique, laisse encore aux testicules assez d'influence sur l'organisme pour donner aux bœufs une certaine vigueur, que n'auraient pas des animaux totalement dépourvus des attributs de leur sexe.

C'est à l'âge de deux ans que les veaux sont généralement bistournés dans nos contrées. On se contente de ne faire exécuter aux testicules qu'un tour et demi ou deux tours au plus, dans le but de donner aux animaux une énergie qui leur manque généralement, et afin de corriger autant que possible le tempérament trop lymphatique de nos bœufs. Dans cette opération l'on a le soin de ne pas trop haut monter les testicules dans les bourses, pour que l'œil soit plus avantageusement flatté par un plus grand développement de la région scrotale. L'on aime beaucoup les bœufs bien *bragués*, et l'on estime moins ceux qui sont *trop fendus*.

Les taureaux qui servent à la reproduction ne sont bistournés qu'après la monte. Quelquefois l'on opère à un an les animaux méchants ou coureurs, afin de pouvoir plus aisément les maîtriser.

La castration des vaches est une opération inusitée dans nos contrées; du reste, employée en grand, elle serait plutôt nuisible qu'utile, en ce sens qu'elle rendrait les naissances moins nombreuses et le choix des jeunes sujets conséquemment plus restreint. Elle conviendrait à l'approche des villes et chez les propriétaires qui entretiennent des vaches pour la production exclusive du lait. Cette opération, le plus ordinaïrement innocente, détermine chez les femelles opérées à quatre ou cinq ans, la sécrétion d'un lait plus abondant et de meilleure qualité pendant quatre ou cinq années. Soumise à l'engraissement, la vache castrée arrive au but que l'on veut atteindre avec beaucoup plus de promptitude et d'une manière beaucoup plus complète.

Hygiène des animaux adultes.

Dans tout l'arrondissement, l'on fait, en général, travailler les taureaux dès l'âge de deux ans et demi. Quelques fermiers, ou propriétaires aisés, attendent néanmoins quelquefois que la troisième année soit révolue. L'on conçoit que les animaux doivent, dans ce dernier cas, prendre un accroissement plus rapide que si, de bonne heure, on les eût épuisés de travail. Mais ce surcroît de développement peut-il payer la nourriture de l'animal pendant huit mois d'oisiveté ; c'est là, ce nous semble, une question essentielle à résoudre, et sans la solution de laquelle on s'expose à quelques mécomptes.

Le travail du bœuf se fait, chez nous, à l'aide du joug double. Jamais, que nous sachions, le collier et le joug simple n'ont été mis en usage. Nous ne voulons pas ici recommander leur emploi général, mais nous conseillerons à quelques riches propriétaires d'en faire l'essai en petit, et de comparer leur usage à celui du joug double. Tous les grands agronomes prônent aujourd'hui le collier comme permettant une plus vive traction, des mouvements plus libres et beaucoup moins de fatigue pour les animaux. Le seul reproche que, dit-on, l'on peut faire à ce harnais, c'est de devenir plus coûteux que le joug ; mais l'on affirme que cet inconvénient est complétement compensé par d'immenses avantages.

Le temps pendant lequel travaillent nos bœufs varie suivant les localités, comme suivant aussi le caprice et l'aisance des propriétaires. En marais, l'on commence les travaux de grand matin, mais l'on change de bœufs à midi. En plaine et en bocage, l'on ne fait, en général, qu'une seule *liée,* en ayant soin, toutefois, de donner des aliments au milieu de la journée.

L'on ne peut louer ou blâmer aucun de ces deux modes, ils sont subordonnés à de trop puissants intérêts pour qu'il nous soit possible d'en faire une critique bien fondée.

Dans tout l'arrondissement, les animaux de travail passent, en général, l'été dans les pâturages et l'hiver à l'étable. Cette règle est invariable en marais ; et, dans la première de ces deux saisons, les animaux reçoivent, pour toute nourriture, seulement l'herbe qu'ils trouvent à paître ; abondante ou non, ils doivent s'en contenter. En plaine, il est quelques exceptions en faveur de la nourriture, quand les bœufs sont soumis à des travaux trop pénibles : les propriétaires ont quelquefois la prévoyance de leur donner à l'étable un surcroît d'alimentation. C'est seulement quand l'herbe des prairies est trop peu abondante, ou trop complétement desséchée, que l'on a recours à cette bonne pratique. Dans toutes les exploitations rurales de ces deux contrées, les bœufs de travail ne sont soumis à une stabulation continue que pendant les froids de l'hiver, c'est-à-dire pendant quatre ou cinq mois seulement. Dans le bocage, et quelle que soit la saison, les animaux de l'espèce bovine passent toujours à l'étable une partie de la journée. Pendant l'hiver, c'est au milieu du jour qu'ils sont abandonnés dans les pâtis, tandis qu'en été ils passent cette même partie du jour à l'étable.

La nourriture d'hiver des bêtes bovines se compose généralement de foin, d'abord mélangé à de la paille, puis, plus tard, du foin pur. Ces aliments sont distribués à trois reprises le matin, et en autant de *données* le soir. C'est entre la seconde et la troisième *donnée* que l'on conduit les animaux à l'abreuvoir. La distribution commence d'habitude le matin entre cinq ou six heures, puis à trois heures le soir. Le bocage ajoute presque constamment, à la nourriture des bêtes bovines, des feuilles de choux, des navets, des bettes champêtres, des pommes de terre, etc., etc.

Les pansements de la main ne sont pas toujours exécutés d'une manière convenable ; la plaine et le marais les négligent même totalement. Leur usage est cependant d'un grand secours pour l'entretien de la santé, et les animaux qui y sont soumis sont plus gais, ont les mouvements plus libres, les articulations plus souples ; ils sont plus forts et digèrent mieux. C'est l'étrille qu'il faut employer pour cet usage ; elle seule permet l'exécution facile et la réussite parfaite de l'opération.

Nous recommanderons aussi la distribution bien régulière, bien uniforme des fourrages, en ayant soin de la faire exécuter autant que possible par les mêmes hommes. Le fourrage de médiocre qualité doit être donné au commencement de l'hiver, et le meilleur à la fin de cette saison. Les balles de froment, qu'en bocage et en plaine l'on emploie presque partout, sont beaucoup plus nuisibles qu'utiles : elles causent fréquemment des irritations intestinales. Quant à la quantité d'aliments à donner aux animaux, on conçoit qu'elle doit être subordonnée à leur taille, au travail auquel ils sont soumis, au but que l'on désire atteindre, ainsi qu'à plusieurs autres circonstances. Les auteurs ne s'entendent pas sur la ration à donner aux animaux de l'espèce bovine. Nous croyons cependant que, pour la ration d'entretien, 1 kilogramme 660 grammes suffisent pour 100 kilogrammes du poids de l'animal pesé vivant. Ainsi, pour entretenir, sans travail, un bœuf du poids de 600 kilogrammes, nous croyons qu'à peu près 10 kilogrammes de foin doivent journellement suffire. Si, au lieu de foin, l'on donne une partie de la ration en fourrages verts, il faudra, pour l'équivalent de 1 kilogramme du premier, 5 kilogrammes du second.

Il est bien entendu qu'il ne s'agit ici que de la ration susceptible d'entretenir dans le même état d'embonpoint un animal de l'espèce bovine, laissé en repos absolu dans son étable. Si l'on veut obtenir de lui un travail quelconque ou des produits, en graisse ou en lait, il faudra ajouter à la ration d'entretien un surcroît de nourriture proportionné au résultat que l'on voudra obtenir. De l'avis des auteurs, le maximum de cette ration de production peut égaler la ration d'entretien elle-même.

Pour abreuver les animaux, nous recommanderons, autant que possible, le choix d'une eau bien pure. L'on ne devra conduire les animaux à l'abreuvoir que par petites bandes, et ne jamais les forcer à rentrer trop rapidement à l'étable, afin d'éviter la fracture des cornes, l'avortement des vaches pleines et autres accidents. Autant que possible, ce seront les mêmes animaux qui iront continuellement ensemble. L'on n'y conduira jamais des vaches pleines avec des bœufs, et encore moins avec des taureaux. Pour éviter les avortements, les femelles en état de gestation seront surtout conduites avec de grands ménagements.

Si, dans nos contrées l'agriculture était plus avancée qu'elle ne l'est, ou s'il nous était permis de penser que notre opinion pût être de quelque poids dans la balance, nous recommanderions aux agriculteurs du marais la stabulation d'une partie au moins de leurs animaux pendant les fortes chaleurs de l'été. Avec le mode actuel d'entretien, il en résulte, dans les années sèches surtout, que les animaux meurent de faim et de soif au milieu des prairies, sans que l'on songe même à alléger leurs souffrances. Avec des étables bien aérées, l'on éviterait aisément d'aussi cruelles privations. La stabulation pendant les sécheresses de l'été aurait surtout l'avantage d'une économie assez considérable de fourrages. Aujourd'hui l'on est obligé de mettre au printemps, dans chaque pâturage, un nombre d'animaux bien moins considérable qu'il ne le faudrait pour faire complétement consommer l'herbe. Si l'on agissait autrement, il en résulterait qu'à la fin de juin les prés étant complétement mangés et les chaleurs de l'été mettant obstacle à de nouvelles pousses, le bétail ne pourrait vivre dans les prairies. Avec le mode actuel, une grande quantité d'herbe superflue se desséche sur pied et forme en été l'unique nourriture des animaux. Il est aisé de comprendre combien de fourrage est ainsi perdu, pourri ou souillé par le bétail. En ayant recours au moyen que nous conseillons, l'on faucherait une quantité beaucoup plus considérable de prairies, et l'on obtiendrait du foin beaucoup plus qu'il n'en faudrait pour la stabulation des deux mois et demi à trois mois d'été. L'on pourrait, en conséquence, entretenir un bien plus grand nombre d'animaux, et, en outre, l'on éviterait incontestablement des mortalités nombreuses. Nous pourrions encore conseiller bien d'autres moyens d'amélioration, surtout dans le mode d'alimentation; nous pourrions conseiller les fourrages fermentés et les provendes pour les bêtes bovines à l'engrais, comme pour les animaux de travail, puis le résidu des fabriques d'huile, les tourteaux, pour l'usage exclusif des élèves et des bœufs soumis aux travaux agricoles. Quelques agriculteurs riches et instruits de la plaine et du bocage pourraient seuls, peut-être, convenablement utiliser ces diverses sortes d'aliments, aussi n'entrerons-nous point à leur sujet en de plus longs développements; car, nous le répétons, il faut écrire pour son temps, et la masse de nos agriculteurs ne manquerait pas de lever les épaules de pitié, et de considérer nos propositions comme les rêves d'un cerveau malade.

De la vache laitière; ses produits.

Nos vaches ne sont pas en général de bonnes laitières, nous en possédons quelques-unes de passables, bien peu de bonnes et un grand nombre de mauvaises. Les vaches considérées comme bonnes laitières dans le pays donnent au mois de mai, c'est-à-dire deux mois après le part et au moment où la nourriture est généralement la plus abondante, à peu près douze litres de lait par jour, susceptibles de produire un *demi-kilo-gramme* de beurre. Dans les exploitations rurales, on ne tient à la qualité comme laitière que d'une manière secondaire : l'on préfère une vache susceptible de donner moins de lait, mais produisant ordinairement des veaux robustes, bien constitués. Les prolétaires seuls du marais et quelques cultivateurs de la plaine et du bocage entretiennent des vaches à peu près exclusivement pour le lait.

Nos agriculteurs ne sont pas en général très-avancés sur le choix des bonnes laitières. On ne doit pas tenir compte de la taille, et il faut choisir des vaches à tempérament plutôt mou que très-énergique, à peau mince et souple, à cornes minces, à mufle couvert de rosée. Le regard de la vache laitière doit être doux, le pis doit paraître très-développé et souple, les quatre trayons doivent être égaux. La veine mammaire doit être

grosse et présenter une large ouverture à son entrée dans
l'abdomen. Selon Jacques Bujault, les vaches dont le palais
est noir sont bonnes beurrières ; elles sont souvent mauvaises
quand il est blanc. D'après la méthode de **M.** Guénon, la qualité comme laitière se reconnaît à l'existence d'un épi placé
entre les mamelles et la vulve, et s'étendant quelquefois jusqu'à ce dernier organe. Il est essentiel que l'épi soit très-
régulier; cette régularité est souvent même plus importante
que l'étendue de l'écusson lui-même. Les vaches présentent
aussi quelquefois au niveau de la pointe des ischium d'autres
petits épis qui sont loin d'avoir une signification analogue.
Ils indiquent chez les vaches qui les portent une certaine
inaptitude à conserver leur lait. La qualité butyreuse du lait
se reconnaît, toujours d'après le même auteur, à la couleur
jaunâtre de la peau des mamelles et à la grande quantité de
matières furfuracées qu'on y trouve. Les vaches qui présentent de longs poils en arrière du pis ne sont pas en général
bonnes laitières. Nous n'entrerons point en de plus longs
détails au sujet de la méthode trop compliquée de **M.** Guénon.
Il nous suffira de dire qu'il y a du vrai dans cette manière
de reconnaître la faculté lactifère des vaches. Seulement nous
ne pensons pas qu'il soit possible d'arriver à une précision
aussi mathématique que l'affirme son auteur.

Les vaches laitières sont entretenues chez nous d'une
manière anologue à celle des animaux travailleurs. Elles passent généralement l'été dans les prairies et l'hiver à l'étable.
Dans la plaine, où ce que l'on appelle communaux n'est
généralement autre chose que des propriétés particulières
soumises au régime de la vaine pâture, les vaches laitières
des prolétaires restent à l'étable jusqu'après la levée des foins.
Ce sont les femmes qui, au printemps, se chargent de l'alimentation des vaches. Elles les conduisent au bout des
champs de blé, les attachent à des piquets et vont leur chercher de l'herbe fraîche qu'elles leur donnent par brassées.
Tant que l'on *herbe* dans les moissons avant le développement
de l'épi, on ne fait qu'augmenter le produit de la céréale, mais

plus tard l'on ne manquerait de verser le blé et d'occasion-
ner de grands dommages.

La vache laitière demande un mode d'entretien tout à fait
spécial. Elle doit être logée dans un lieu peu aéré et obscur.
On doit la nourrir avec prodigalité et lui fournir de bons aliments généralement aqueux. L'on ne devrait jamais rationner
une vache destinée à la production du lait; le refus de la
nourriture devrait être le seul guide à cet égard. Nous dirons
à nos propriétaires qui néanmoins voudraient connaître la
quantité de fourrages qui doit être consommée chaque jour
par une vache laitière, que, d'après M. Riedesel, il faut, pour
rassasier un animal de l'espèce bovine, le trentième de son
poids de foin et le soixantième pour sa ration d'entretien.
Ainsi une vache du poids de 400 kilogrammes devrait recevoir 6 kilogrammes 666 grammes de foin pour sa ration
d'entretien et 13 kilogrammes 333 grammes pour celle de
production. Il est bien entendu que, quand au foin l'on sub-
stitue des aliments verts, on devrait les distribuer d'après la
proportion que nous avons donnée au sujet de l'alimentation
du bœuf de travail.

Le lait, ce produit de la sécrétion des glandes mammaires,
dont la quantité varie suivant de nombreuses circonstances,
dont la qualité est subordonnée à la nourriture des animaux,
à leur état de santé, à leur mode d'entretien, à la femelle qui
le fournit, etc., etc., forme en général l'alimentation du nouveau-né. La nature l'a du moins uniquement créé pour cet
usage, mais l'homme le détourne souvent de sa véritable destination pour l'employer à divers usages domestiques. Le lait
de vache est, sans contredit, celui que l'on emploie le plus
fréquemment; c'est cette femelle domestique qui le donne, le
plus susceptible de servir aux nombreux usages auxquels on
le destine, et en quantité généralement plus considérable.

A l'approche de nos villes, l'on entretient une assez grande
quantité de vaches pour fournir à la consommation du lait en
nature; mais dans nos campagnes où le lait ne peut être ainsi
consommé, on en fabrique presque exclusivement du beurre
ou rarement du fromage. Ainsi, bien que les vaches soient

plus particulièrement dans nos contrées, destinées à la production des élèves, et que quelques-unes soient, en bocage, employées aux travaux agricoles, presque toutes n'en doivent pas moins fournir du lait en quantité plus ou moins considérable. Les vaches des prolétaires, celles des prolétaires du marais surtout, sont même, nous l'avons déjà dit, presque entretenues pour la production exclusive du lait.

Les laiteries de nos campagnes[1] sont tenues avec beaucoup de soins, beaucoup de propreté, cet éloge est mérité par l'immense partie des ménagères. Il ne nous appartient pas de donner à ce sujet des leçons aux femmes des campagnes. Nous nous contenterons de leur dire que, autant que possible, la laiterie doit être exposée au nord et pavée à larges dalles bien jointes; la température doit toujours y être modérée. En été, à l'approche des orages, il devient utile d'humecter le pavé afin d'éviter les funestes effets de la chaleur. L'on doit toujours faire disparaître de la laiterie le caillé et le petit lait commençant à s'aigrir, le séjour de ces produits ne manquerait pas d'altérer le lait et la crème, et de donner un mauvais goût au beurre qu'on en retirerait. On sait que les vases où l'on met cailler le lait et où l'on fabrique le beurre, ne peuvent être entretenus avec une trop grande propreté. On ne saurait trop faire usage du petit balinet en verges de bois très-minces, afin d'enlever le caillé jusque dans l'interstice des vases. Quelques ménagères emploient quelquefois pour cet usage *l'ortie brûlante* qui, du reste, a la propriété de faciliter la coagulation du lait, et qui, conséquemment, conviendrait davantage dans la saison froide. Quelquefois aussi, l'on met dans le four après la levée du pain, les vases en terre servant à la coagulation du lait. L'on a alors pour but de faire totalement évaporer le petit lait dont ils peuvent être imbibés. Il faut, pour obtenir le plus de produits possible, éviter le refroi-

---

[1] Nous demandons bien pardon aux lecteurs de nous entretenir de sujets pouvant paraître si peu importants à quelques personnes ; mais, en agriculture, il n'est pas de petits bénéfices à dédaigner, et bien d'autres branches de l'industrie agricole sont encore moins importantes que celle qui nous occupe ici.

dissement subit du lait. C'est à cet effet que quelquefois, quand la température n'est pas encore très-élevée, l'on remplit un ou plusieurs vases de feu et qu'on les place dans les laiteries. Un poêle serait alors préférable, car la fumée n'altérerait pas les produits.

Dans la plus grande partie du bocage et dans les petites laiteries, surtout à l'approche des villes, l'on n'attend ordinairement pas que la crême monte d'elle-même. On fait chauffer le lait à une température modérée, en évitant surtout l'ébullition. Nous croyons que pour le succès de l'opération, l'on devrait faire chauffer le lait au bain-marie. Pour cette opération, l'on aurait deux vases, dont l'un pourrait aisément entrer dans l'autre sans en toucher les parois. Le plus petit, rempli de lait, serait placé dans le plus grand, puis l'espace compris entre les deux vases étant plein d'eau, l'on chaufferait le tout à une température suffisamment élevée. Le beurre de lai chauffé est généralement moins abondant, mais plus estimé par quelques personnes. Du reste, cette diminution dans la quantité du produit est amplement compensée par l'emploi subséquent du lait à différents usages.

Dans notre arrondissement, le beurre se fabrique de deux manières. Dans les petites laiteries du bocage et de quelques contrées de la plaine, les ménagères placent la crême dans un vase en bois ou en terre, puis avec une cuiller ordinairement en bois, elles brassent jusqu'à ce que le beurre se sépare du petit lait. Dans les grandes laiteries, et surtout en marais, l'on fait le beurre comme partout, en battant la crême dans une baratte conique et à l'aide d'un pilon percé de trous. L'instrument est dans les grandes fermes mis en mouvement à l'aide d'une mécanique simple nommée *cigogne*.

La baratte ordinaire a l'inconvénient d'exiger beaucoup de force, et de fatiguer la personne qui la met en mouvement. Pour obvier à ces inconvénients, un des grands fermiers du marais a fait confectionner une sorte de moulin qui agit en exigeant moins de force et avec plus de rapidité. L'on pourrait donner à cet instrument la forme d'un baril dans lequel on adapterait un appareil analogue aux ailes d'un moulin à *vanner*, mais dont chacune des planches serait percée de nombreux trous.

Dans la fabrication du beurre, il faut pour le succès de l'opération, beaucoup d'uniformité dans l'action du pilon, et une température modérée. On doit opérer le matin en été, et en hiver, il devient quelquefois utile d'entourer la baratte d'un linge mouillé d'eau chaude. Les ménagères doivent faire du beurre le plus souvent possible, car la crême vieille donne un mauvais goût au produit.

Le lait n'est que rarement employé dans nos contrées à la fabrication du fromage. Dans quelques fermes, l'on fait bien quelquefois des fromages mous que l'on consomme dans le pays; mais dont le goût est loin d'être bien recherché. Le fromage dit *du curé* sera peut-être susceptible de se propager davantage dans le pays; mais il peut être l'objet de beaucoup d'améliorations.

Dans les Alpes, il s'est établi depuis un certain nombre d'années, sous le nom de *fruiteries*, des fromageries de société, dont le nombre augmente chaque jour, et que maintenant l'on rencontre en grande quantité dans la Franche-Comté, dans la Bresse, dans le Jura, etc., etc. Ces associations sont régies par des statuts adoptés par tous. Une commission est chargée de surveiller les actes du fromager. La société se réserve le droit d'exclusion sur les membres dont les actes ne seraient pas irréprochables. Après vérification de la qualité du lait et mesurage de la quantité, chaque associé reçoit en raison de sa mise journalière. Nous croyons que des fruiteries de société pourraient être avantageuses dans nos contrées. En marais, où la grande étendue des communaux permet à chaque petit cultivateur de posséder une ou deux vaches, ces institutions seraient surtout d'un grand secours. Que l'on ne croie pas qu'il soit impossible chez nous de fabriquer de bons fromages; la qualité de ce produit ne dépend pas surtout de la nourriture des animaux, mais du mode de fabrication. « Il sera possible, quand on le voudra, de faire « des fromages de Hollande sur le sommet du Cantal », dit Grognier.

Dans le pays de Gruyère (canton de Fribourg, Suisse), il faut 7 litres de lait, dit Mathieu Bonafous, pour fournir 1 kilogramme de fromage. Ainsi, dans une commune du marais, où les petits cultivateurs possèdent à eux seuls plus de 100 vaches laitières, il serait possible de fournir dans la belle saison à une fruiterie, et ceci sans exagération, 6 à 700 litres de lait par jour, qui donneraient près de 100 kilogrammes de fromage. Si, maintenant, nous évaluons le kilogramme au prix minime de 80 c., nous aurons, par vache, un produit d'au moins 70 c. par jour. Avec cette même quantité de lait, si l'on fabrique du beurre, l'on en obtient à peu près 25 kilogrammes, ce qui, au prix moyen de 1 fr. 50 c. le kilogramme, donne par jour 35 c. par vache. Comme on le voit, la différence est immense, et la proposition mériterait peut-être d'être prise en considération.

On ne manquera pas d'objecter, nous le savons, que le beurre forme, en marais, l'un des principaux matériaux de la nourriture des cultivateurs, et qu'en conséquence il faut nécessairement en produire. Mais, outre le fromage de première qualité que l'on exporte de la Suisse, l'on fabrique, avec le petit lait, un produit de seconde qualité nommé *sérai*, et qui fournit aux habitants du pays un aliment sain et agréable. Mangé avec le pain, cet aliment remplacerait très-avantageusement le beurre.

Nous croyons donc que l'on produirait un grand bien, dans le marais, en faisant venir des Alpes un *fromager* expérimenté, auquel, je suppose, l'on donnerait pour gages le dixième du produit de la fruiterie. L'association serait dirigée comme dans le pays de Vaud, et le fromager serait tenu de fabriquer, de temps à autre, du beurre pour les besoins de la population.

C'est assez donner d'étendue à un sujet que, dans le pays, l'on ne manquera pas de regarder comme une proposition chimérique. C'est aux amis du progrès et de l'humanité que nous nous adressons dans cette circonstance. C'est à l'administration départementale à examiner les avantages et les inconvénients de cette proposition ; et, si elle le juge convenable, c'est à elle, ainsi qu'aux comices agricoles, à en favoriser l'adoption par tous les moyens qui sont en leur pouvoir.

§ II.

De l'engraissement. — Généralités sur l'amélioration des animaux de l'espèce bovine de l'arrondissement. — Des croisements comme moyen d'amélioration ; leurs effets jusqu'à ce jour. — Amélioration des races par elles-mêmes. — Du commerce auquel donnent lieu les animaux de l'espèce bovine. — Maladies qui affectent le plus communément les bêtes bovines de l'arrondissement ; caractère que généralement elles y prennent ; leurs causes.

De l'engraissement.

Destiné à travailler six ou sept ans de sa vie, le bœuf, dans l'arrondissement de Fontenay, doit infailliblement, vers sa huitième ou neuvième année, être soumis à l'engraissement. C'est là sa destination certaine.

Dans les pays de bonne culture, en Angleterre par exemple, les travaux agricoles sont uniquement exécutés avec des chevaux, les bœufs sont seulement destinés à la consommation ; on les engraisse alors à un âge peu avancé, vers leur deuxième ou troisième année. Dans la plus grande partie de la France, au contraire, le bœuf doit être susceptible de travailler d'abord, puis de s'engraisser ensuite. Or, les aptitudes au travail et à l'engraissement sont deux qualités non-seulement différentes, mais sans cesse en antagonisme direct. L'augmentation de l'une ne peut se faire qu'au désavantage de l'autre. Il résulte donc de l'état actuel de l'agriculture de notre arrondissement que nos animaux de l'espèce bovine, devant être propres à tout, ne réunissent jamais ces conditions de perfection qui résultent d'une destination unique bien déterminée.

La moitié de la plaine fait seule exception au reste de l'arrondissement ; elle cultive avec des animaux de l'espèce chevaline. Mais dépourvue de gras pâturages, et obligée elle-même de puiser en marais une grande partie de ses fourrages, elle ne peut entretenir, en grande quantité, des animaux de l'espèce bovine et les engraisser dans un âge peu avancé.

Les bœufs de nos contrées s'engraissent assez bien, mais il faut du temps et des soins pour les amener à un état d'obésité complète. Tant que ces animaux peuvent travailler, nos agriculteurs les gardent, croyant l'engraissement plus facile dans un âge plus avancé. C'est là une erreur aujourd'hui bien reconnue : le bœuf jeune, vigoureux, dont les organes digestifs sont sains, mange avec appétit, rumine et digère bien, et, en conséquence, s'engraisse plus rapidement et plus complétement qu'un autre animal plus âgé, épuisé de travail, dont les organes digestifs sont affaiblis par l'âge ou affectés de maladies chroniques. Ce qui entraîne nos agriculteurs à une erreur semblable, c'est que le bœuf de neuf à dix ans, ayant atteint alors tout son accroissement, est, une fois engraissé au même point qu'un autre moins âgé, proportionnellement plus pesant. En conséquence, en regardant ces deux animaux, pour l'engraissement desquels l'on ne calcule pas la quantité relative de fourrage qu'il a fallu, l'on accorde la préférence à l'animal dont le poids est le plus considérable. Mais il est une autre considération dans laquelle les agriculteurs n'entrent pas. Dans une propriété où l'on entretient 32 bœufs, par exemple, si l'on attend, pour les engraisser, leur huitième ou neuvième année, on ne pourra en soumettre annuellement, qu'en moyenne, 5 ou 6 à l'opération. Si, d'autre part, on livre à six ans les animaux à l'engraissement, l'on pourra en soumettre 8 par année. Il s'agit donc de savoir si 5 bœufs engraissés à huit ou neuf ans, rapporteront davantage que 8 engraissés à six ans. Les agriculteurs, nous le savons, feront une objection à ceci; ils diront qu'il leur faut des bœufs d'âge pour que les travaux agricoles puissent s'exécuter d'une manière facile; mais nous croyons qu'après avoir travaillé trois ou quatre ans, des bœufs de six ans peuvent être suffisamment instruits pour pouvoir mener la voiture ou la charrue d'une manière convenable. Il faudrait seulement un peu plus de patience pour faire constamment l'éducation d'un plus grand nombre de jeunes animaux. Il y a donc avantage pour les agriculteurs à engraisser leurs animaux de l'espèce bovine dans un âge moins avancé, car, renouvelant plus souvent leur bétail, ils en feront plus d'argent. Sous le point de vue de l'hygiène publique, la question est encore autrement vaste et importante. L'engraissement précoce tend inévitablement à augmenter la consommation de la viande de boucherie, cette denrée alimentaire si utile à l'homme, et surtout à la classe des travailleurs qui en est trop souvent privée.

L'immense majorité des bœufs que possèdent nos cultivateurs sont destinés à être tour à tour engraissés ; le choix qu'ils en font porte donc uniquement sur leur âge. Quelquefois, cependant, des agriculteurs achètent de ces animaux pour les livrer à l'engraissement. Ils doivent alors les choisir d'un âge pas trop avancé, à peau souple, à abdomen volumineux. Leurs membres doivent être plutôt petits que forts ; ils doivent avoir le regard doux, le mufle rosé, la poitrine ample et les testicules totalement atrophiés. Autant que possible, les formes doivent être régulières, afin qu'engraissés, les animaux paraissent tels qu'ils sont réellement, afin qu'il n'y ait pas erreur au désavantage de celui qui les livre à la boucherie. Les animaux atteints de maladies organiques devraient, autant que possible, être exclus de l'engraissement, l'opération n'est alors jamais avantageuse.

En marais et dans quelques parties de la plaine, l'on commence l'engraissement en automne, après la terminaison des travaux agricoles. Les animaux à l'étable ne reçoivent généralement pour nourriture que du bon foin, mais en grande quantité, à discrétion. On les conduit trois fois par jour à l'abreuvoir.

Nos cultivateurs mettent tout leur orgueil dans leur bétail, et pour flatter le coup d'œil, ils placent ordinairement, nous l'avons dit, les bœufs à l'engrais à l'entrée de l'écurie, dans le lieu le moins obscur. Nous avons déjà dit aussi que l'air très-oxygéné enlevait au sang une plus grande quantité d'hydrogène et de carbone, éléments principaux des matières grasses, et qu'en conséquence un air humide et moins pur convenait davantage aux sujets à l'engrais. Nous avons dit aussi que dans les fermes bien tenues, les bœufs à l'engrais devaient avoir exclusivement pour eux un logement spécial. Nous conseillerons à tous les agriculteurs de sacrifier leur amour-propre à leurs intérêts, et de choisir pour place à ces animaux le coin le plus obscur de l'étable. Le repos le plus parfait, la tranquillité la plus grande favorisent l'opération, nous croyons en conséquence que l'on devrait avoir pour ces animaux des mangeoires en pierre dans lesquelles on les abreuverait. La nourriture devrait être à l'étable alternée de foin et de fourrages verts, ce qui faciliterait considérablement l'opération, tout en concourant aux progrès de l'agriculture. Il est positivement prouvé que les fourrages aqueux sont favorables à la production de la graisse comme à celle du lait. Il serait surtout facile de mettre en plaine ceci à exécution, car tout le monde sait que les racines sarclées y réussissent parfaitement. La pomme de terre peut être donnée crue aux bestiaux à l'engrais. Mais d'après Jacques Bujault il est préférable de la faire cuire au four, de manière à ce qu'elle se coupe comme du beurre.

Quand l'herbe des prairies a atteint un assez grand développement, les bœufs soumis à l'engraissement sont abandonnés en liberté dans les pâturages, et c'est là que s'achève l'opération. Généralement l'on change souvent de pré les animaux que l'on prépare pour la consommation, afin, comme on dit, de leur faire effleurer l'herbe. On doit recommander aux agriculteurs de tenir, dans les pâturages, les bœufs à l'engrais dans le plus grand isolement. On doit se dispenser de passer et repasser au milieu d'eux, de les faire poursuivre par les chiens ; c'est couchées et en ruminant que les bêtes bovines engraissent.

En bocage, les bœufs sont engraissés exclusivement à l'étable, et il en est de ces logements comme de ceux du marais : ils sont loin d'être disposés d'une manière convenable pour le but que l'on se propose d'atteindre. L'alimentation des bœufs à l'engrais dans le bocage présente partout quelques analogies avec celle des bœufs de Cholet. Les bettes champêtres, le rutabaga, les choux, se partagent avec le foin le privilège de nourrir les animaux que l'on prépare pour la consommation. L'engraissement à peu près tel qu'on le pratique dans les environs de Cholet est lui-même mis en usage dans le nord de l'arrondissement. Il serait à désirer que chez nous l'on mît dans cette opération partout autant de soins que dans cette portion du département du Maine-et-Loire. Là les bœufs d'engrais sont constamment entretenus à l'étable. Le pansage commence dès six heures du matin et ne finit qu'à dix, puis recommence à trois heures du soir pour finir à six. On commence toujours par donner par bœuf six ou huit kilogrammes de foin en deux ou trois rations, puis on fait boire les animaux et on leur donne à satiété alternativement des choux et des raves ou des bettes champêtres. Entre les pansages, les animaux sont laissés dans la plus parfaite tranquillité. On ne les dérange que pour leur donner à midi et à neuf heures du soir une certaine quantité de choux qu'ils mangent toujours avec avidité. On donne pour terminer l'opération du son et de la farine. Au printemps, quand les navets et les choux sont consommés, on les remplace par de la nourriture verte. On doit éviter de donner des graines de fenu-grec qui poussent, dit-on, la graisse au dehors et déprécient les animaux aux yeux des acheteurs.

Nous recommanderons la plus grande propreté des étables ainsi que l'usage de l'étrille à tous les agriculteurs qui se livrent à l'engraissement.

Tous les bœufs soumis à cette opération sont ordinairement saignés au sortir de l'hiver. Cette pratique est loin d'être désavantageuse, il faudrait même, à la fin de l'opération, renouveler les émissions sanguines, sauf à les faire moins abondantes.

Il n'est pas toujours avantageux de pousser l'engraissement jusqu'au dernier degré; il est souvent préférable de vendre les animaux *gras* que *fins-gras*. Les bœufs engraissés aux pâturages doivent être vendus aussitôt qu'ils *offrent le poil de boucherie*, c'est-à-dire quand ils ont les productions pileuses mortes et piquées.

Les vaches ne sont jamais aussi complétement engraissées que les bœufs. On leur donne à l'étable une plus grande quantité de fourrages, ou bien encore on laisse écouler le lait et on les abandonne dans les pâturages les plus productifs. L'on a toujours le soin de faire saillir celles que l'on veut engraisser, afin qu'elles se tourmentent moins sous l'influence du désir de la copulation.

La plaine et le marais n'engraissent point de veaux. Tous ceux qui ne doivent point être élevés sont vendus à l'âge de quinze jours, trois semaines, un mois au plus. Jusque - là ils ont eu le lait de leurs mères pour toute nourriture.

Dans le bocage, l'on vend aussi quelquefois des veaux âgés de trois semaines ou un mois seulement; mais généralement on attend qu'ils aient atteint un âge plus avancé. L'allaitement artificiel serait préférable pour l'engraissement des veaux. Le nouveau-né ne teterait point sa mère, immédiatement après la mise bas, l'on trairait celle-ci et l'on ferait boire le lait dans un baquet. Pour apprendre au petit sujet à boire, on placerait le doigt dans le liquide et l'on en approcherait la bouche du jeune veau, il ne tarderait pas à boire tout seul. Jacques Bujault conseille d'écrémer le lait pour rendre l'opération moins coûteuse. Il veut que, au bout de trois semaines, l'on y mêle de l'eau dans laquelle on a fait bouillir de la graine de lin ; puis à six semaines, qu'on y délaie de la farine de blé noir, de baillarge ou de maïs. « Enfin, vous « finissez, continue le même auteur, par faire avaler des « pâtons de farine au petit veau, en les lui fourrant dans la « gorge. Le petit fait quatre ou cinq repas par jour, dort et « s'engraisse. »

Ce sont les petits cultivateurs de nos contrées, les prolétaires du marais qui devraient se livrer à ce mode d'engraissement. En ayant bien soin d'écrémer le lait, ils auraient toujours le beurre pour les besoins du ménage.

La vente des veaux à trois ou quatre mois serait bien plus avantageuse, et aux agriculteurs, et sous le point de vue de l'hygiène publique. Pour la salubrité, en effet, il y a loin de la consommation de la viande molle, gélatineuse d'un veau de quinze jours, à celle d'un animal de trois ou quatre mois; puis la quantité de viande serait alors plus considérable.

M. Perreau de Jotemps ne laisse teter ses veaux que vingt jours, puis ensuite il les nourrit avec du thé de foin, d'abord mélangé avec du lait, puis ensuite pur. Par ce procédé, il peut avec de plus grands avantages, livrer ses veaux à la boucherie.

Généralités sur l'amélioration des animaux de l'espèce bovine de l'arrondissement.

L'amélioration de l'espèce bovine a donné lieu à bien moins de contradictions que celle de l'espèce chevaline. Les riches amateurs ont constamment dédaigné le bœuf dont le seul mérite est d'être utile, pour ne s'occuper que du cheval qui plaît en outre par les gracieux contours de ses formes et le brillant de ses allures. Ce sont les agriculteurs seuls qui, appréciant le bœuf à sa juste valeur, ont voulu donner au compagnon intime du laboureur sa part d'améliorations. Ce n'est pas surtout la question de goût qui a prévalu quand il s'est agi d'améliorer le bœuf. On a plus particulièrement pensé à rendre l'élevage plus lucratif, à se procurer des bénéfices nets beaucoup plus considérables. Il est néanmoins quelques questions dont la solution est indispensable, et que, pour l'amélioration du bœuf comme pour celle du cheval, l'on a trop souvent négligées.

La question de l'appropriation de l'organisme animal à la faculté productive du sol, est on ne peut plus essentielle ici. Les races formées dans l'immense majorité des cas par le climat et les conditions hygiéniques des localités, se sont en quelque sorte modelées suivant chaque nature du sol. Toutes portent d'une manière indélébile le cachet de la localité. La nourriture, dont l'influence sur l'économie est d'autant plus grande que l'on descend davantage dans l'échelle zoologique, que l'organisation matérielle prédomine davantage sur l'organisation morale ou sensoriale, a une influence encore plus grande sur le développement du corps du bœuf, que sur celui du cheval. Avant donc d'améliorer une race bovine par les croisements, il faut, pour cette espèce surtout, savoir avant tout si les fourrages que fournit le pays sont suffisants pour entretenir les produits que l'on obtiendra, dans un état

satisfaisant d'embonpoint; si le climat et les conditions hygiéniques ne sont pas contraires à leur entretien. Il n'est d'exceptions à cette règle, que quand l'agriculture est assez avancée
pour que la stabulation permanente soit en vigueur, pour que
les fourrages de bonne qualité soient en abondance. Alors,
mais seulement alors, l'influence de la localité disparaît, et
l'homme peut entretenir à son gré des races différentes,
grandes ou petites, selon la quantité de nourriture qu'il lui
plaira de donner.

Il est une autre question non moins importante, et que l'on
ne doit pas négliger quand il s'agit d'améliorer l'espèce
bovine d'une contrée. Il faut se demander avant tout à quel
usage l'on destine les animaux. Si du lait, du beurre, de
l'engraissement, du travail ou des élèves, l'on retirera le plus
grand bénéfice, et faire un choix judicieux des reproducteurs,
en raison de la destination des sujets.

Enfin, il est encore d'autres considérations, futiles il est
vrai, mais que l'on ne doit néanmoins pas totalement dédaigner quand il s'agit d'améliorer une race de bêtes bovines.
Il faut prendre en considération la couleur de la robe, la direc-
tion des cornes, la couleur du mufle, etc., etc., tous caractères dont la recherche n'est que le fruit de l'imagination
capricieuse des acheteurs, mais dont l'absence suffit souvent
pour faire rejeter les produits.

Dans notre arrondissement, le sol alternativement fertile et
aride, permet d'élever et des bœufs de grande taille et d'autres
plus petits. Nous retirons de nos bêtes bovines des produits
par le travail, par l'engraissement, par les élèves et par la
qualité des vaches comme laitières; c'est donc une race mixte
qu'il nous faut, une race qui réunisse à elle seule toutes ces
qualités au plus haut degré possible. Enfin les marchands
saintongeois ou bretons qui viennent chaque année chercher
nos jeunes taureaux, tiennent surtout à l'uniformité de la
robe et à la couleur du mufle.

Si l'on voulait croiser avantageusement nos animaux de
l'espèce bovine, il faudrait trouver une race qui, unie aux
nôtres, laisserait aux animaux tous les caractères de la robe,

et augmenterait en même temps toutes les qualités que nous recherchons. Un seul de ces caractères ou de ces qualités détruits à l'avantage des autres, suffirait pour faire, sur les marchés, dédaigner les produits, et causer des pertes considérables.

Or, nous croyons qu'une race bovine telle qu'il nous la faudrait, ne peut être rencontrée sur la surface du globe, et que, pour l'espèce bovine de nos contrées, le meilleur mode est d'améliorer la race par elle-même.

Des croisements employés jusqu'à ce jour; leurs effets.

L'espèce bovine de nos contrées a tour à tour été croisée avec un grand nombre de races étrangères qui, tour à tour prônées d'abord, ont été abandonnées ensuite. Nous sommes loin de prétendre que ces croisements étaient totalement inopportuns ou avaient été mal dirigés ; nous croyons qu'ils étaient susceptibles de modifier avantageusement quelques qualités de nos races au désavantage de certaines autres moins importantes. Mais les sacrifices exigés d'abord par tous les agriculteurs qui, les premiers, se livrent à une innovation, puis le caprice des acheteurs et l'influence de l'habitude ont puissamment contribué aux insuccès.

La race suisse de Fribourg fut d'abord, avant la révolution, importée dans nos contrées par M. de Rougé, seigneur de Cholet, et de là fut introduite dans quelques contrées de la Vendée. Mais les guerres meurtrières de la révolution firent totalement disparaître cette race.

« Lorsque la fièvre qui nous tourmenta pendant trois ans
« fut parvenue à sa crise, dit Caveleau ; lorsque le calme,
« succédant à une longue et douloureuse agitation, permit à
« chacun de contempler toute l'étendue de ses pertes ; lorsque
« la nécessité de restaurer nos races de bestiaux fut mieux
« constatée, le besoin de la race suisse fut mieux senti que
« jamais. Le conseil général du département exprima le vœu
« de voir introduire de nouveau cette race précieuse sur notre
« territoire. Ce vœu fut entendu du ministre de l'intérieur
« Chaptal et transmis par lui au chef du gouvernement ; des

« ordres furent donnés à M. le préfet de Leman d'envoyer
« dans la Vendée 15 taureaux et 10 des plus belles vaches
« de la Suisse. 10 vaches et 13 taureaux seulement arrivèrent
« à Fontenay à la fin du mois de brumaire an X : ils furent
« confiés aux propriétaires cultivateurs qui parurent les
« mieux disposés à en assurer le succès, et la plus grande
« partie fut placée dans le bocage. »

Cette race, toujours d'après Caveleau, avait parfaitement
réussi ; les produits étaient bien positivement supérieurs à
ceux du pays, mais néanmoins elle a totalement disparu dans
un court espace de temps.

La race suisse, quoique placée plus particulièrement dans
le bocage, pénétra néanmoins dans le marais. Quelques agriculteurs la croisèrent avec leurs animaux, et là, comme en
bocage, elle avait d'abord assez bien réussi. Depuis longtemps
elle a aussi disparu de cette contrée, où elle n'existe plus que
comme souvenir. C'est peut-être de toûtes les races étrangères celle qui a eu le plus d'influence sur les bœufs du
marais ; et, ce qui, selon nous, tendrait à prouver ce que nous
avançons, ce qui démontrerait peut-être qu'une race à robe
pie, la hollandaise ou la Suisse, a dû imprimer son cachet sur
nos bœufs du marais, ou en former la souche, c'est qu'il
naît très-souvent de parents à robe parfaitement uniforme,
des sujets à robe mélangée.

« Croira-t-on, dit encore Caveleau, que quelques poils
« blancs sur le fond noir ou brun de sa robe (du bœuf suisse),
« ont suffi pour faire dédaigner toutes ses belles qualités? Il
« ne faut cependant pas tout à fait rejeter sur l'ignorance
« des paysans de la Vendée, cet exemple d'un asservisse-
« ment stupide, au préjugé de la routine. Une partie de leurs
« élèves est vendue aux cultivateurs de la ci-devant Bretagne
« (et de la Saintonge), qui ne les achèteraient pas si la cou-
« leur de la robe n'était pas uniforme. Ils sont dans la même
« position qu'un fabricant qui est forcé de s'asservir au goût
« et aux caprices des consommateurs, sous peine de voir
« pourrir dans ses magasins les produits de ses fabriques. »

La race des bœufs cotentins a été à plusieurs reprises

introduite dans le marais méridional. Ce sont les propriétaires de la régie de Saint-Michel qui, à diverses époques ont fait venir de la Normandie des sujets de cette race. Ces bœufs à haute stature, et connus chez nous sous le nom de *serpentins*, sont, comme ceux de nos contrées, susceptibles de faire un excellent service au labour, puis plus tard de s'engraisser aisément; mais de même que les suisses, ils ont le défaut de ne pas présenter une robe uniforme, et il faudrait garder tous les jeunes élèves de cette race jusqu'au moment de l'engraissement, ce qui n'entre ni dans les vues, ni dans les habitudes de nos agriculteurs. Ces divers motifs sont les causes certaines du peu de propagation de ces animaux [1].

La race gatinaise qui, comme nous l'avons dit, forme le type des bœufs dits de Cholet et dont les plus beaux sujets se rencontrent dans les environs de Parthenay, a été aussi fréquemment employée pour croiser nos races bovines. Quelques-uns de nos agriculteurs achètent même chaque année un certain nombre de veaux de Parthenay dans le but d'en faire des reproducteurs, presque à l'exclusion de tout autre. C'est sans contredit de toutes les races qui ont été employées jusqu'à ce jour celle qui satisfait le mieux aux besoins de la localité et aux exigences capricieuses des acheteurs. Les bœufs gatinais sont généralement plus petits que les bœufs maréchins, et c'est là le seul reproche que l'on peut leur faire; mais à la longue la nourriture seule ne serait-elle pas susceptible d'élever leur taille? La race gatinaise, dont les bœufs du bocage ne sont à proprement parler que des sujets plus ou moins dégénérés, conviendrait parfaitement dans cette contrée comme type régénérateur. Ce ne serait plus à proprement parler alors un croisement, ce serait tout simplement l'amélioration de la race par elle-même.

---

[1] Le comice agricole de Sainte-Hermine a, dans ces dernières années, fait l'acquisition d'animaux de la race bovine agenaise dans le but d'améliorer nos bœufs vendéens. Ces croisements n'ont eu que fort peu d'effets. Les taureaux agenais ont été surtout dédaignés à raison de la couleur de la robe et du mufle. Les mêmes obstacles que pour les suisses, les cotentins et les durhams se sont donc présentés ici, et se présenteront probablement de longtemps encore, toutes les fois que l'on voudra passer trop vite au-dessus des préjugés.

La race anglaise de Durham, dont la réputation est si grande depuis quelques années, a aussi été essayée dans notre arrondissement. Il y a huit ans à peu près que notre comice agricole fit l'achat du premier taureau de Durham qui ait paru dans nos contrées. Il fut placé à Martray, commune de Saint-Médard-des-Prés, près Fontenay. C'est de lui que sont issus tous les sujets croisés sur lesquels on peut aujourd'hui hardiment se prononcer. En 1844, Gaudissart, autre sujet de la même race, fut destiné à remplacer le premier. Tous les agriculteurs de nos environs n'ont pas manqué d'abord de conduire leurs vaches aux taureaux anglais; mais aujourd'hui l'enthousiasme est bien passé. C'est avec plus de sang-froid que l'on envisage ces croisements, et ce mode d'amélioration commence à avoir chez nous de nombreux détracteurs.

Au dire de leurs propriétaires, les bœufs croisés de Durham travaillent assez bien, quoiqu'ils soient plus mous que ceux du pays et quoiqu'ils supportent bien moins les fortes chaleurs de l'été. Il leur faut à tous une plus grande quantité de nourriture qu'aux animaux du pays. Tous les agriculteurs possesseurs de quelques-uns de ces animaux nous ont invariablement déclaré qu'il en était ainsi.

Quant aux femelles, produits du même croisement, il est quelques contradictions au sujet de leur faculté à produire du lait. M. Gentil, de Fontenay, possède deux vaches de quatre ans dont l'une est le produit du croisement d'un veau de Durham avec une vache du pays, et l'autre d'un taureau anglais avec une vache charolaise. Il nous a été impossible de faire traire ces deux femelles, dont chacune, cette année, a nourri son veau, mais M. Gentil affirme qu'elles sont plus laitières que les vaches du pays. M. Savy, propriétaire à Fontenay, se livre, dans sa propriété du Langon, au croisement de la race du pays avec la race anglaise. Il possède deux femelles croisées qu'il entretient exclusivement pour la production du lait. L'une a donné au mois de mai plus de vingt litres de lait par jour, et en donne aujourd'hui plus de dix encore; l'autre, d'un an moins âgée, n'en a jamais produit plus de la moitié de ce que donne la première. M. Bailly, agriculteur au Langon, possède une génisse croisée et âgée seulement de deux ans et demi. Elle donne, dit-il, plus de lait que les autres génisses de son âge.

M. Lemercier, propriétaire à Fontenay et membre du conseil général de la Vendée, voulut aussi essayer les croisements de Durham, il en obtint une vache qui, après sa première mise bas, à trois ans, donnait par jour deux litres de lait. M. Gourmaud, vétérinaire au Langon, possède aussi une génisse, fruit du même croisement, et dont il n'a pas lieu de se louer comme laitière. Enfin nous voyons quelquefois passer avec les autres vaches, allant au communal de Fontenay, une croisée de Durham, appartenant à M. Main, avocat, et dont le développement du pis n'annonce pas une bonne laitière.

Nous avons tout lieu de croire qu'il en sera de la race de Durham comme de toutes celles qui ont été introduites en Vendée à diverses époques. A l'enthousiasme succède le doute et au doute succédera bientôt l'abandon complet de ce mode d'amélioration.

La race de Durham en marais conviendrait parfaitement dans toute sa pureté si nous pouvions nous passer du bœuf pour les travaux agricoles. Mais il faut bien du temps encore pour atteindre ce degré de perfectionnement.

Puisqu'aujourd'hui l'on persiste dans ce mode de croisement, nous recommanderons, quoique nous n'ayons pas une grande confiance dans le succès, de s'arrêter autant que possible au premier croisement, afin de ne pas trop diminuer la propension au travail.

Nous recommanderons aussi d'exclure les durhams du bocage, où ils ne peuvent trouver une nourriture suffisante.

Au résumé, si ce n'était la vente des taureaux à deux ans, les sujets du croisement de la race de Durham, avec les animaux du pays, conviendraient assez en marais par leur propension à l'engraissement, tout en étant encore susceptibles d'être employés aux travaux agricoles; de même que, dans la race du pays, on trouve, parmi les femelles, fruits de ce croisement, des vaches variant de qualité comme laitières. Mais, et ceci est aussi l'opinion de beaucoup de personnes que nous avons consultées sur ce sujet, elles donnent, en général, plus de lait que celles du pays, étant les unes et les autres nourries à satiété; elles en donnent, au contraire, beaucoup moins, quand, comme la généralité des vaches des prolétaires, elles sont chaque jour envoyées au communal, quand elles ne reçoivent qu'une nourriture médiocre et insuffisante. (NOTE 7.)

Il serait sans doute assez difficile de bien positivement déterminer l'effet réel et particulier de chacun de ces croisements. Quelques-uns, comme ceux avec les cotentins et les agenais, ont passé inaperçus. Ceux avec la race de Durham ne sont pas encore d'une date assez éloignée, et n'ont pas agi sur une assez grande échelle pour pouvoir imprimer certaines modifications générales à nos races bovines. Les suisses ont eu plus d'influence que ces deux premières races. Ils ont été employés sur une plus grande échelle, et dernièrement un agriculteur du marais nous assurait que quelques-uns des anciens fermiers de cette localité avaient obtenu leurs beaux animaux en croisant l'ancienne race du pays avec des sujets de la race suisse, et en ayant eu soin ensuite d'exclure rigoureusement de la reproduction tous les sujets à robe pie. La race gatinaise, par son voisinage, a eu plus d'influence encore que toutes les autres. Ce croisement a bien moins excité la curiosité des amateurs que les précédents, portés que nous sommes à ne pas apprécier tout ce qui nous environne, et à ne voir de beau que ce qui nous vient de loin.

Amélioration des races par elles-mêmes.

L'amélioration de nos races bovines par elles-mêmes est, sans contredit, le moyen le plus efficace pour arriver rapidement, et avec le moins de difficulté, au degré de perfectionnement désirable. Ne désapprécions pas nos bêtes bovines; elles possèdent des qualités que peut-être nous ne rencontrerions pas ailleurs, ou, du moins, il est probable que nous ne les rencontrerions pas réunies au degré convenable. Puis, les insuccès, éprouvés jusqu'à ce jour, ne sont-ils pas des leçons assez coûteuses pour qu'on puisse les considérer comme concluantes? Si, jusqu'ici, ces croisements ont été impuissants, l'on peut croire qu'ils mettent en jeu, qu'ils contrarient même de trop puissants intérêts, pour pouvoir en espérer d'excellents résultats.

Il est possible, du reste, à l'aide d'un choix judicieux des reproducteurs, d'obtenir chez nos animaux des formes plus régulières, en même temps que cette robe uniforme si recherchée.

Les grands agriculteurs font bien parmi les taureaux un choix rigoureux des reproducteurs; mais ils ne choisissent que parmi ceux qui leur appartiennent, car les sujets distingués ne sont que rarement exposés en vente. Les petits éleveurs, qui, eux, ne possédent que des produits inférieurs, ne peuvent en employer d'autres à la reproduction, et sont ainsi contraints à une amélioration très-lente, quelquefois impossible.

Nos agriculteurs ne tiennent pas assez au choix des femelles qu'ils livrent à la reproduction. Ce choix est pourtant bien essentiel, et il mériterait d'être rigoureusement pris en considération.

Quant aux formes que l'on doit rechercher dans les reproducteurs mâles ou femelles, nous n'aurions à répéter ici que ce que nous avons dit dans le chapitre précédent, au sujet des caractères extérieurs que les cultivateurs estiment le plus selon chaque localité. Ce sont donc les animaux présentant de semblables conformations, ou ceux qui sont les moins imparfaits possibles, que l'on doit particulièrement choisir.

Quelques agriculteurs, sous le prétexte que les produits des jeunes sujets croissent mieux, *sont plus tendres*, livrent les femelles à la reproduction dès l'âge de quinze mois, et font saillir toutes leurs vaches par des taureaux qui viennent de terminer leur première année. D'abord, ces accouplements prématurés épuisent les sujets qui en sont l'objet, puis concourent aussi à la dégénérescence de la race. Il arrive que le taureau dont on fait choix, bien développé d'abord, se déformera ensuite, et communiquera à ses produits les défauts dont il portait le germe.

Les sujets de l'espèce bovine ne devraient être livrés à la reproduction qu'après la terminaison de leur deuxième année. C'est seulement alors qu'ils sont assez formés pour que l'on puisse juger ce qu'ils deviendront plus tard. C'est seulement à cet âge aussi que le taureau a assez de force pour pouvoir résister à de nombreuses copulations, et que la génisse peut, sans s'épuiser elle-même, fournir les matériaux de la nutrition au produit qu'elle porte dans son sein.

La distribution annuelle des prix et des primes, par les comices agricoles, a, pour les animaux de l'espèce bovine, des résultats peu considérables et analogues, du reste, aux résultats que les mêmes institutions produisent sur l'espèce chevaline. Les primes ne font, le plus souvent, que flatter l'amour-propre de quelques riches propriétaires, sans amener pour cela d'améliorations bien sensibles. Nous voudrions que les comices, au lieu de faire des sacrifices énormes pour se procurer des animaux étrangers, fissent, dans les races du pays, l'achat de beaux taureaux, que l'on placerait dans diverses localités chez des propriétaires-cultivateurs. Nous voudrions aussi que les animaux distingués, que possèdent certains propriétaires, fussent pensionnés, afin que l'on puisse, pendant au moins deux ans, les garder pour la reproduction.

Ce serait peut-être ici le lieu d'approuver l'achat de bons reproducteurs par les communes elles-mêmes, et plus particulièrement par les communes pourvues de communaux. Au lieu de veaux de peu de valeur, et en si petit nombre qu'ils sont rapidement épuisés par de trop nombreuses saillies faites en liberté dans les communaux, il y aurait avantage à se procurer de bons taureaux étalons que l'on ferait saillir en main. Il ne serait pas difficile de les confier à des habitants de la commune qui, moyennant une légère rétribution, se chargeraient de les nourrir et de leur faire couvrir les femelles qu'on leur présenterait.

Par ces divers procédés, l'on agirait avec une même somme d'argent sur une bien plus grande échelle. L'on éprouverait moins de résistance de la part des propriétaires; et, disons-le aussi, ce mode d'amélioration serait bien plus avantageux à l'agriculture de la localité.

Pour l'espèce bovine du bocage dont la taille n'est souvent pas assez élevée, l'on ne peut procurer aux animaux une haute stature par l'effet seul des croisements. La distribution d'une nourriture plus abondante est le seul moyen d'arriver à ce résultat. Pour cette amélioration, comme aussi pour l'augmentation du nombre des animaux, il faut avant tout améliorer la culture, multiplier les prairies artificielles, seuls moyens avantageux de se procurer des aliments en assez grande abondance.

Commerce auquel donnent lieu les animaux de l'espèce bovine.

Les animaux de l'espèce bovine donnent lieu dans notre arrondissement à un commerce très-étendu et très-varié. Le marais vend chaque année 1,100 à 1,200 bœufs gras pour la consommation de la capitale. Ce sont en général des animaux qui ont travaillé jusqu'à huit ou neuf ans, dont on se défait ainsi. Quelques-uns ont été achetés aux agriculteurs de la plaine. Cette dernière contrée engraisse également de 300 à 400 bœufs destinés aussi, pour la plupart, à l'approvisionnement de la capitale. Les bœufs gras du marais se vendent en moyenne 700 fr. la paire; il en est de 1,000 fr. et au delà. Ceux de la plaine sont ordinairement d'un prix un peu moins élevé. Du reste, le prix de ces animaux est aussi soumis aux variations du commerce. Pour cette année (1846), ce prix moyen serait un peu trop élevé.

L'on peut également, en bocage, évaluer de 1,000 à 1,200 par année le nombre des bœufs soumis à l'engraissement de cholet plus ou moins modifié. Les plus grands sont destinés à alimenter, sous le nom de bœufs de Cholet, les marchés de Sceaux et de Poissy; les autres sont abattus dans les villes voisines. Ce sont des marchands de la Normandie qui viennent, chaque année au mois de juin, acheter nos bœufs gras du marais. C'est aux foires de Luçon, de Fontenay, de Sainte-

Gemme, d'Avrillé et sur le pacage même, que s'effectuent ces transactions.

Le nombre des bœufs maigres qui sortent annuellement du marais est bien peu considérable ; comme nous l'avons dit au contraire, la plaine en fournit quelques-uns à cette localité. Le bocage exporte par année de 1,200 à 1,500 bœufs maigres qui vont engraisser dans diverses localités.

Chaque année, pour la consommation des villes voisines, le marais vend 500 à 600 vaches grasses, puis 300 à 400 de ces femelles pour la production du lait.

La plaine et le bocage vendent aussi par année la sixième ou septième partie de leurs vaches, les unes grasses, les autres demi-grasses et d'autres enfin comme laitières.

La moitié des taureaux de trente mois nés en plaine et en marais, c'est-à-dire 1,200 environ, sont exportés en Saintonge pour être là soumis au travail jusqu'à sept ou huit ans, puis vendus ensuite avec les bœufs auvergnats pour être engraissés, soit dans les environs de Cholet, soit dans les pâturages de la Normandie. Le bocage vend aussi chaque année 1,000 à 1,200 taureaux de deux ans qui sont exportés soit en Bretagne, soit en Saintonge.

Les génisses du marais, âgées de deux ans, servent en grande partie à remplacer les vaches dont on se défait à l'âge de sept ou huit ans. Chaque année, il en part néanmoins quelques-unes qui, demi-grasses, sont livrées à la consommation, ou que l'on destine en plaine à remplacer les vaches laitières. Le bocage engraisse aussi à demi quelques génisses de deux ans, mais en général elles servent, comme en marais, à remplacer les vaches d'âge dont on se défait.

L'on ne vend que rarement des animaux d'un an, quels que soient leurs formes et leur sexe ; l'on attend au moins leur deuxième année. Du reste, la vente des veaux d'un an n'est point du tout avantageuse. Si pour 20 ou 30 fr. l'on achète à la mamelle un veau destiné à être élevé, on le vendra à peine 60, peut-être même 50 ou moins à l'âge d'un an.

Les veaux de l'année donnent lieu à plusieurs sortes de commerces. Les agriculteurs du marais ne possèdent pas ordinairement assez de vaches pour se procurer des sujets mâles en assez grande abondance. Pour y suppléer, ils achètent, sept ou huit jours après la naissance, les veaux des prolétaires, soit du marais, soit de la plaine, dans les communes les plus voisines. Tous les sujets que l'on n'élève pas, sont, à l'âge de deux ou trois semaines, un mois au plus, livrés à la consommation.

Le bocage vend aussi quelquefois des jeunes veaux immédiatement après la naissance, mais en général l'on attend jusqu'à l'âge de deux, trois et même quatre mois, avant de les livrer à la boucherie. Les veaux de lait donnent lieu en bocage à un commerce assez étendu et fait en grand. Nous voyons souvent passer des bandes de 20 ou 30 veaux et même davantage, que l'on conduit à pied jusqu'à La Rochelle.

Disons-le ici, rien n'est varié, même dans nos contrées, comme le commerce des bêtes bovines. Pendant sa vie, cependant courte, un même animal passe souvent en douze ou quinze mains et même davantage. Celui qui fait naître un veau n'est souvent pas celui qui l'élève, ce dernier à son tour s'en défait à deux ans, et l'acheteur ne commence quelquefois qu'à le faire travailler, puis le vend à un agriculteur qui l'épuise; un autre possédant des pâturages plus abondants, l'achète pour le restaurer; et enfin, après avoir passé dans trois ou quatre autres mains, il est engraissé pour aller terminer sa vie dans l'un de nos abattoirs.

Maladies qui le plus fréquemment affectent les bêtes bovines de l'arrondissement ; caractère que généralement elles y prennent, leurs causes.

Dans l'espèce du bœuf comme dans celle du cheval, il est des affections particulières aux localités, des maladies de saisons, d'autres attaquant plus particulièrement les animaux d'un certain âge, puis d'autres enfin qui se rencontrent dans toutes les localités, et indistinctement sur les animaux de tout âge et de tout sexe.

En marais, *l'ivresse* est une maladie particulière à la localité et qui, près des rives de l'Océan, atteint aussi bien le bœuf que le cheval. Dans cette même localité, les jeunes sujets de l'espèce bovine, particulièrement ceux qui n'ont pas teté, sont fréquemment atteints, au moment des premières pluies d'automne, d'une pneumonie enzootique, évidemment due à l'action des chaleurs brûlantes de l'été. Cette affection est, m'a assuré M. Pougnet, vétérinaire à Saint-Michel-en-l'Herm, constamment mortelle, quand les animaux ont commencé à se désaltérer avec l'eau de la mer que, dans cette saison, l'on fait affluer dans les canaux.

En plaine, plus particulièrement qu'ailleurs, l'on rencontre les indigestions de vert, produites par la fâcheuse habitude de faire pâturer les animaux dans les prairies artificielles avant la chute de la rosée.

En bocage, il existe depuis bientôt deux ans une maladie épizootique, la péripneumonie du gros bétail, dont les ravages sont immenses. La maladie reste presque e lèrement confinée dans la partie nord du bocage de notre a. ondissement, dans les Deux-Sèvres et dans le Maine-et-Loire. Les vétérinaires de la localité attribuent son apparition à l'inconstance atmosphérique de l'année passée, et à la qualité inférieure des fourrages. Peut-être a-t-elle été importée par les bœufs auvergnats que l'on engraisse dans les environs de Mortagne et de Cholet. Elle est du reste contagieuse, et semblerait se conserver par l'effet seul de ce mode de propagation. Envoyé l'an passé par l'administration départementale pour étudier cette affection dans la commune de Payré-sur-Vendée, nous ne pûmes, de concert avec M. Thibeaudeau, vétérinaire à Oulmes, attribuer l'apparition de la maladie à autre chose qu'à la contagion. Ce fut une vache qui, d'après les renseignements fournis, aurait été achetée *dans le haut pays* (du côté de Pouzauges), et qui apporta la maladie dont elle fut atteinte quelques jours après son achat.

Les maladies que l'on rencontre indistinctement dans toutes les contrées de l'arrondissement sont assez nombreuses. L'entérite aiguë se rencontre assez fréquemment en hiver. On peut l'attribuer, en marais et en bocage, à la paille rouillée, aux fourrages de mauvaise qualité. Dans la plaine, elle paraîtrait plus particulièrement due à l'usage des balles de froment.

Les affections chroniques des organes digestifs se montrent quelquefois sur les vieux animaux épuisés par le travail et les mauvais soins.

Les congestions pulmonaires affectent quelquefois les bœufs à l'engrais. Elles ont pour cause l'état pléthorique des sujets et la négligence de pratiquer des saignées sur ceux de ces animaux pour lesquels elles sont utiles.

La phthisie pulmonaire se rencontre assez fréquemment dans nos contrées. L'on ne peut que l'attribuer aux mauvais soins auxquels ont été soumis les animaux qui en sont atteints, et quelquefois aussi à l'hérédité. M. Pougnet a, dit-il, remarqué que les bœufs croisés durham ou cotentins y étaient plus sujets.

L'entérite diarrhéique sévit chaque année sur un grand nombre de veaux de deux ans. Elle apparaît en automne ou en hiver, et est évidemment due, dans la première saison, à l'épuisement produit par les chaleurs de l'été et à l'herbe trop desséchée des pâturages à laquelle succède l'herbe molle et relâchante d'automne. En hiver, elle nous semble ne provenir d'autres causes que de la mauvaise nourriture que l'on donne à ces animaux. Les cultivateurs connaissent plus particulièrement cette affection sous le nom de *vaure*.

Les suites fâcheuses du part, comme le renversement du vagin et de la matrice, et les suites de la non délivrance, sont communes dans nos campagnes. Elles doivent être attribuées aux tiraillements, aux manœuvres brutales faites par des personnes grossières et ignorantes. Quelquefois elles sont dues à la mauvaise disposition des écuries, ou bien encore à l'atonie de tout l'organisme.

L'ictère se montre dans quelques années sous forme sporadique, mais d'autres fois elle affecte enzootiquement les animaux du marais.

La constipation des jeunes veaux est assez fréquente immédiatement après la naissance ; elle est due tantôt à la suppression du premier lait de la mère, tantôt à d'autres causes plus ou moins appréciables.

La diarrhée des jeunes sujets se montre aussi sur les animaux de l'espèce bovine. Nos cultivateurs emploient pour la faire disparaître des œufs frais ou du lait dans lequel on ajoute de la poudre provenant de coquilles de moules calcinées.

La maladie aphteuse a régné épizootiquement il y a quelques années sur les animaux du marais et de la plaine. Ses causes étaient très-obscures, sa marche était lente et sa terminaison rarement fâcheuse. Aujourd'hui cette affection existe encore dans quelques étables de la plaine et du bocage. Le seul préjudice qu'elle a causé a été de faire plus ou moins maigrir les animaux et de les empêcher de travailler pendant un laps de temps plus ou moins considérable. Cette maladie se communique positivement par contagion ; nous pourrions en citer de nombreux exemples.

Les affections de nature charbonneuse avec ou sans éruption de tumeurs sont assez communes sur les animaux de nos contrées. Elles règnent indistinctement sur tous les animaux domestiques, mais plus particulièrement sur les bêtes bovines. Quelquefois elles revêtent la forme sporadique, mais c'est le plus souvent sous forme enzootique ou épizootique qu'elles apparaissent. Dans ces derniers cas, elles font des ravages quelquefois considérables. Ces affections se développent plus particulièrement dans les gras pâturages ; surtout quand, avec une nourriture abondante, coïncide une température élevée.

CHAPITRE V.

DU MOUTON.

Races ovines de l'arrondissement. — Statistique. — Entretien des bêtes à laine. — Élevage des animaux de l'espèce ovine. — Généralités sur l'amélioration des bêtes à laine de l'arrondissement. — Des croisements comme moyen d'amélioration. — Commerce auquel les bêtes ovines donnent lieu. — Maladies qui affectent le plus ordinairement les moutons de l'arrondissement; le caractère que généralement elles y prennent; leurs causes.

Races ovines de l'arrondissement.

Trop faible pour opposer de la résistance à ses ennemis, si peu intelligent qu'il sait à peine chercher sa nourriture et qu'il ne pourrait éviter le danger, le mouton est sans contredit un des animaux les plus précieux que l'homme ait soumis à sa domination. Aussi utile pendant sa vie qu'après sa mort, il fournit sa chair, sa laine, son suif, sa peau, son fumier, ses os, tout son corps, tous ses produits en un mot pour nos usages industriels et économiques.

Le mouton domestique est issu du mouflon d'Europe que l'on rencontre encore sur les âpres montagnes de la Corse, de la Sardaigne et de l'Espagne; aussi agile que la chèvre, on le voit fuir avec la rapidité de l'éclair sur les angles aigus des rochers, sur la pente des précipices; on le voit franchir d'un seul bond des distances quelquefois considérables, et il faut toutes les démonstrations de la science pour qu'on ne se prenne pas à douter que nos moutons domestiques si lents, si stupides, sont descendus de cet animal si énergique, si léger.

Il semblerait que la nature ait entièrement livré à l'homme le mouton domestique et que son maître l'ait façonné selon ses caprices et ses besoins, en lui enlevant ses merveilleux instincts naturels, en détériorant son organisme, en altérant sa santé. C'est surtout au sujet des bêtes ovines que l'on peut apprécier toute la puissance de l'homme sur les animaux domestiques. C'est à leur sujet que l'on peut voir combien la persistance intelligente du premier être de la création a d'influence sur les œuvres de la nature elle-même. Les bêtes à laine n'ont donc, sous la domination de l'homme, rien gagné à l'avantage de leur constitution : Elles sont, au contraire, devenues plus faibles et bien moins intelligentes. Mais sous le rapport des bénéfices que l'homme peut en retirer, elles ont acquis une bien grande importance. Leurs longs poils jarreux ont fait place à une laine fine, soyeuse, élastique, on ne peut plus susceptible de se prêter à tous les usages industriels. Leurs muscles énergiques sont devenus plus mous et conséquemment plus susceptibles d'être pénétrés de matières grasses et de revêtir un goût agréable et des propriétés nutritives.

Placé si près de l'homme qu'il ne pourrait vivre aujourd'hui sans sa domination, et plus impressionnable que nul autre à l'action du climat, notre mouton a dû non-seulement varier à l'infini suivant le caprice de son maître, mais suivant aussi les variations atmosphériques des localités. De là, selon nous, une explication incontestable des variations qu'à chaque pas nous voyons dans l'espèce ovine : chaque contrée fournit sa race, chaque propriété même offre quelquefois sa variété.

Dans l'arrondissement de Fontenay-le-Comte, comme partout, il existe des variétés très-nombreuses de bêtes à laine que nous croyons cependant pouvoir réunir sous cinq types principaux, spécialement entretenus dans l'arrondissement.

La race flandrine du marais fut importée sans nul doute par les Hollandais et les Flamands lors de la première exploitation de cette contrée ; elle s'est jusqu'ici conservée presque pure. Sa haute stature, sa longue laine et la grande fécondité des femelles la font aisément reconnaître. Cette race est aujourd'hui beaucoup moins nombreuse que jadis : la race mérine l'a remplacée dans beaucoup d'exploitations, et elle n'existe plus que par petits troupeaux dans les marais du Petit-Poitou, de Champagné, etc., etc. Les flandins résistent mieux que les mérinos à l'action de l'humidité et donnent de grands bénéfices par le lait des femelles dont on fait quelquefois des fromages, par la propension à l'engraissement et surtout par les agneaux toujours en plus grand nombre que les brebis portières. M. de La Fontenelle a introduit ces animaux sur les rives de la Sèvre nantaise ; mais ils ont été rapidement détruits par la cachexie aqueuse.

La race mérine fut importée en marais sous l'empire, par les MM. Didelot, alors propriétaires de la régie de Saint-Michel-en-l'Herm. Croisés avec les animaux de la plaine, les mérinos ont parfaitement réussi sur les bords de l'Océan où l'herbe salée prévient le développement de la pourriture. A huit ou dix kilomètres de la mer, cette race est beaucoup plus sujette à la cachexie qui y fait chaque année de grands ravages. Le piétin vient de faire entièrement périr, dans ces dernières années, le beau troupeau de Saint-Michel qui a produit de grandes améliorations en marais. L'on rencontre aujourd'hui des métis assez fins dont la laine se vend jusqu'à cinq ou six francs la toison. Des moutons mérinos furent envoyés d'Espagne même par le général Beilliard, alors qu'il était gouverneur de Madrid ; ils furent placés dans les environs de Fontenay d'où ils pénétrèrent dans le bocage, mais depuis longtemps ces animaux ont complétement disparu. M. de La Fontenelle prétend que l'humidité du sol a empêché en bocage la réussite de la race mérine.

Les moutons de la plaine n'offrent pas une aussi haute stature que ceux du marais ; la toison ne recouvre ni les extrémités, ni la face interne des cuisses, ni la région des ars antérieurs. La laine est à mèches pointues et frisées. Les membres et le museau sont ordinairement blancs, mais quelquefois ils sont tachés de roux et les animaux sont alors dits *pots-roux*. Peu de sujets de cette race sont pourvus de cornes. La plaine possède un grand nombre de moutons qui y vivent presque sans soins et à l'abri du régime de la vaine pâture. Leur viande est plus estimée que celle des moutons mérinos. C'est là une des races primitives de la Vendée.

Le bocage possède beaucoup de variétés de l'espèce ovine. On y rencontre un grand nombre d'animaux de la race de la plaine ; mais la race qui prédomine ressemble assez à cette dernière quant au volume du corps, et en diffère surtout par la laine jarreuse, à mèches pointues, non frisées. Les animaux de cette race sont estimés pour la boucherie.

La race de Mortagne se rencontre en assez grande abondance dans le nord de l'arrondissement. Cette race mériterait d'attirer l'attention des agriculteurs. On l'entretient plus particulièrement dans l'arrondissement de Beaupreau, département de Maine-et-Loire. Sa laine assez longue et à mèches non frisées n'est pas totalement dépourvue de finesse. Les animaux ont le museau et les extrémités nus et de couleur oranger, ils sont beaucoup plus volumineux que ceux de l'autre race du bocage. Les brebis mortagnaises réussissent parfaitement dans le nord de l'arrondissement, mais importées dans ces dernières années dans la presqu'île de Saint-Denis par M. Faivre, fermier à la Chevaleraye, commune de Lairoux, elles ont rapidement péri, nous ne savons de quelle affection.

L'on rencontre aussi assez fréquemment dans l'arrondissement des brebis noires de la race des landes de Bretagne. Ces animaux ne sont que fort rarement élevés dans nos localités ; ils sont importés, principalement en marais, pour être livrés à l'engraissement dans les gras pâturages de cette contrée.

Statistique.

Il est difficile d'arriver même approximativement à la connaissance du nombre des animaux de l'espèce ovine de l'arrondissement. Cependant nous croyons qu'en portant ce nombre à 105,000, on ne doit que bien peu s'éloigner de la vérité.

Le marais possède environ 30,000 moutons, la plupart de la race mérine, c'est-à-dire 5 de ces animaux par deux habitants, et 10 par 17 hectares. Cette proportion est prise pour l'étendue générale du marais. Elle se trouve beaucoup trop forte si on la rapporte à la partie orientale du bassin de la Sèvre, et est loin de l'être assez pour le bassin du Lay.

La plaine possède à peu près 45,000 animaux de l'espèce ovine, c'est-à-dire un nombre à peu près égal aux quatre cinquièmes de celui des habitants et aux deux tiers de celui des hectares.

Enfin, en bocage, l'on rencontre environ 30,000 bêtes à laine, ce qui donne à peu près 3 de ces animaux par cinq habitants, et un par 3 hectares. Certaines exploitations rurales du bocage négligent complétement de se livrer à l'élève des bêtes à laine. Mais dans les propriétés où l'on entretient des animaux de la race du bocage proprement dite, il n'est pas rare d'en rencontrer 1 par hectare. Les agriculteurs, au contraire, qui se livrent à l'élève de la race de Mortagne ne possèdent guère qu'un de ces animaux par 2 ou 3 hectares de terrain.

Entretien des bêtes à laine.

L'économie agricole n'a pas fait de grands progrès dans nos contrées, sous le rapport de l'entretien des bêtes à laine. Partout on nourrit ces animaux avec l'herbe qu'ils trouvent à paître dans les terrains laissés en jachère annuelle. Rarement ils reçoivent à la bergerie un surcroît d'alimentation. L'usage des raves, des choux, des bettes-champêtres qu'en abondance l'on pourrait produire pour leur nourriture, leur est à peu près inconnu. Aussi voit-on chaque année à la fin de la saison rigoureuse un certain nombre de ces animaux perdre par pauvreté le peu de laine qu'ils possèdent.

Dans tout l'arrondissement, le parcage n'est usité qu'à partir des premiers beaux jours du printemps jusqu'aux premiers froids de l'hiver. Pendant tout le temps que dure cette dernière saison, les bêtes ovines passent les nuits à la bergerie. Ces logements, dont les dimensions varient suivant l'importance des troupeaux, sont loin le plus souvent d'être construits comme le voudraient les règles d'une bonne hygiène. Quels que soient le nombre des animaux et leurs destinations variées, tous reçoivent le même logement.

Le fumier n'est enlevé des bergeries qu'à la fin de l'hiver, de sorte que la quantité d'air à respirer, déjà trop peu considérable quand la bergerie offre toutes ses dimensions, le devient bien davantage encore quand le sol se trouve élevé de près d'un mètre par ces matières étrangères. L'air déjà très-impur par le fait de ces dimensions très-restreintes, le devient bien davantage encore par son contact continuel avec ce foyer d'exhalaisons délétères. Dans le marais, l'on ne peut invoquer en faveur de ce procédé la qualité supérieure du fumier comme engrais, puisqu'il n'est pas employé à ces usages; et, le fût-il, ce léger avantage ne saurait compenser les nombreux inconvénients qui en résultent. C'est donc, non-seulement pour le marais, mais encore pour toutes les contrées de l'arrondissement, un défaut de prévoyance et d'habitude qui peut seul expliquer cette coutume vicieuse. Nous recommanderons la sortie fréquente du fumier des bergeries : la propreté et la pureté de l'air étant peut-être plus utiles encore pour les bêtes à laine que pour les autres animaux domestiques.

Nos agriculteurs ne tiennent que fort peu à la manière dont s'ouvrent les portes des bergeries. Cependant toutes les fois que, pour des motifs quelconques, ils ont voulu visiter leurs troupeaux à la bergerie, ils ont dû s'apercevoir combien la présence des animaux agglomérés à l'approche des portes rendait leur ouverture difficile et les contusions ainsi que les avortements à craindre. Si l'influence de l'habitude n'excluait pas chez nos agriculteurs tout espèce de raisonnement, ils se seraient sans doute aperçus de ces inconvénients et auraient cherché à y porter remède. La simple ouverture des portes en dehors plutôt qu'en dedans est susceptible de parer à tous les inconvénients, et l'on ne dira certes pas que c'est là une innovation difficile ou coûteuse. Dans les bergeries mieux tenues, les portes sont constamment divisées en deux. Cette disposition permet à la fois de retenir les animaux dans le local et de leur fournir une aération convenable en laissant ouverte la partie supérieure.

Dans toutes les bergeries, le renouvellement de l'air est toujours plus ou moins négligé. Nous n'avons jamais rien rencontré qui pût ressembler aux cheminées d'appel. Et les barbacanes, situées à plus d'un mètre du sol, ne peuvent pas complétement déterminer le renouvellement de la masse atmosphérique. Nous pensons qu'il serait préférable de faire ces ouvertures beaucoup plus près de terre, car alors l'air pur venant du dehors déplacerait plus complétement l'acide carbonique rapproché du sol par son poids spécifique plus considérable, et respiré plus particulièrement par les bêtes à laine nécessairement obligées, vu leur petite taille, de séjourner au milieu de ce gaz délétère.

La nature du sol des bergeries est loin d'être indifférente. Il faut autant que possible établir ces logements sur un sol calcaire, afin d'éviter les funestes effets de l'humidité. Cependant, comme il peut arriver qu'on ne rencontre pas une telle composition du sous-sol, il deviendra utile alors d'enlever la couche argileuse dans une certaine épaisseur, puis de la remplacer par des pierres concassées ou par une certaine quantité de terre sablonneuse. On ne doit jamais laisser coucher les animaux sur le sol humide des bergeries; une abondante litière est amplement payée, et par le fumier qu'elle produit, et par la santé des animaux qu'elle contribue puissamment à entretenir.

L'on ne saurait donner aux bergeries de trop grandes dimensions et une aération trop considérable. Le tempérament trop lymphatique du mouton oblige bien rarement à tendre, à l'aide du logement, à l'altération de la santé pour obtenir de plus grands bénéfices. Nous conseillerons à nos agriculteurs qui voudraient faire construire de nouvelles bergeries, d'imiter celle que M. Bella a fait élever à Grignon. Les deux extrémités du local sont formées de murs pleins formant pignons, et dans lesquels sont pratiquées deux portes charretières. Les deux faces latérales présentent deux rangs de pilastres en maçonnerie brute destinés, concurremment avec deux rangs de poteaux en bois, à supporter la couverture. Les espaces de 2 mètres 80 centimètres de largeur, compris entre les pilastres, sont, jusqu'à jusqu'à 1 mètre 30 centimètres de hauteur, remplis de petits murs dans lesquels les portes sont ménagées. Puis du sommet de ces petits murs à la toiture, l'on rencontre de simples chassis que l'on recouvre de paillassons, ceux du nord en hiver, ceux du midi en été. En outre, ce bâtiment, dont la hauteur est de 3 mètres 55 centimètres, est divisé en compartiments à l'aide de rateliers doubles, allant d'un pilastre de droite à son correspondant de gauche.

Les parcs sont formés, dans nos contrées, de claies en châtaigner que l'on assujettit au sol à l'aide de forts pieux. Les dimensions du parc, sur lesquelles, du reste, les auteurs qui ont écrit sur la matière ne sont pas parvenus à s'entendre, ne nous semblent pas d'une fixation indispensable; car ces enclos ne servent pas chez nous, comme dans quelques pays, à fixer la quantité de nourriture que chaque animal doit avoir, mais seulement à enfermer les bêtes ovines pendant les heures de repos. C'est surtout en raison de la quantité de fumier à fixer sur le sol, que dans nos contrées les dimensions des parcs doivent varier. Nous pensons que l'on pourrait avantageusement remplacer les claies par des treillis de cordes fixés au sol à l'aide de pieux. Le prix d'achat des deux sortes de parcs ne deviendrait guère plus considérable de part que d'autre; et, dans l'action de changer le parc, l'opération serait beaucoup plus aisée et beaucoup plus rapide.

La conduite du troupeau est en marais confiée à un berger âgé de dix-huit ou vingt ans au moins, auquel on adjoint quelquefois un petit berger. En plaine, ce sont en général des enfants de douze ou quinze ans qui conduisent les troupeaux. La garde des moutons est en bocage quelquefois confiée à des bergères.

Rien n'est pénible, rien ne demande autant de soins, une confiance plus illimitée que le métier de berger fait avec conscience. Cependant, dans nos campagnes, cette profession inspire le dégoût général. Comment en serait-il autrement? En plaine surtout, la garde des troupeaux est une véritable école de vagabondage et d'immoralité. Comme le dit M. Tillier, « il suffit pour qu'un enfant soit berger, qu'il soit assez « fort pour faire le parc; et, que les moutons vivent bien ou « mal dans la sole de jachère, il n'y peut rien, sa responsa- « bilité est à couvert. Les moments d'une surveillance si facile « sont employés à jouer avec ses camarades, à faire battre

« ses chiens, à creuser le sol avec sa houlette pour occasion-
« ner des accidents aux voyageurs, et surtout à comploter ou
« à exécuter de hardis coups de main sur tel ou tel champ
« offrant quelque appât à sa gourmandise. » Nous ne saurions trop regretter un tel état de choses, préjudiciable autant
sous le rapport de la morale publique que sous celui de l'industrie agricole. Il n'est peut-être que la disparition de la
jachère et de la vaine pâture, pour amener des améliorations
sérieuses dans l'entretien des bêtes ovines. Tant que subsis-
teront l'une et l'autre de ces coutumes vicieuses, il est à
craindre que l'hygiène des bêtes à laine ne fasse pas dans nos
contrées des progrès susceptibles de l'élever au degré de perfectionnement désirable. Puis, jointe aux causes que nous
venons de citer, la multiplication des petits troupeaux oblige,
si l'on ne veut avoir des pertes dans cette partie de l'industrie
agricole, à employer de petits bergers dont les gages peu
élevés ne surpassent pas les bénéfices. Nous désirerions que
les cultivateurs s'associassent par deux, trois ou quatre,
suivant leurs ressources, pour fournir un troupeau assez considérable, que l'on confierait à un berger raisonnable, susceptible de diriger convenablement l'entretien des animaux.
Il y aurait, dans cette association, d'immenses bénéfices sous
tous les rapports. En commun, l'entretien du parc deviendrait moins coûteux, et le gage du grand berger ainsi que sa
nourriture et celle de ses chiens s'éleverait, divisé entre chacun des associés, à une somme moins considérable que le gage
et la nourriture de chacun des petits bergers.

Pendant le parcage, le gardien du troupeau couche près de
ses animaux dans une cabane en bois montée sur un essieu
et des roues, et qui reçoit le nom de *navari*.

Dans quelques exploitations rurales, le berger possède dans
le troupeau un certain nombre d'animaux. Il arrive quelquefois, il est vrai, que ceux qui lui appartiennent sont mieux
nourris que ceux du maître ; mais en général cette mesure
offre néanmoins plus d'avantages que d'inconvénients. Nous
préférerions, cependant, que le gardien du troupeau fût légèrement intéressé dans les bénéfices. Et nous sommes aussi de

l'avis de ceux qui pensent qu'il serait avantageux de lui faire supporter une partie des pertes. Alors, à n'en pas douter, à moins qu'il n'eût pas même l'instinct de ses intérêts, le berger chercherait à entretenir le troupeau dans un parfait état d'embonpoint, tout en évitant autant que possible les nombreuses causes de mortalité.

Les loups sont, dans nos campagnes, en général moins à craindre que dans les pays de montagne ; ils ne viennent que rarement dévaster les troupeaux. Les chiens de parc n'ont pas besoin d'offrir beaucoup de force pour résister à ces animaux carnassiers ; il est préférable qu'ils puissent aider au berger dans la conduite du troupeau.

Le premier berger du beau troupeau de Saint-Michel-en-l'Herm, M. Bourgeois, avait amené avec lui des *chiens de Brie* qui avaient considérablement amélioré la race du pays. Ces animaux sont aujourd'hui tellement abâtardis, que l'on aurait bien besoin de retourner à la source. Le chien de Brie convient parfaitement à nos contrées. A l'approche des loups ou des maraudeurs, ce qui est pour le moins aussi commun, il donne l'éveil au berger qui, couché dans son *navari*, entend le moindre bruit de ses animaux, et n'a, en général, qu'à se montrer pour faire fuir l'être malfaisant qui cherche à profiter de l'obscurité de la nuit.

Un chien bien dressé est précieux pour la conduite d'un troupeau ; mais il est difficile d'en rencontrer de bien instruits dans nos campagnes. La raison en est que, changeant de conducteur, dans quelques cas deux fois dans une année, il est matériellement impossible que quelque bien dressé que soit un de ces animaux, il ne se décourage pas dans ces fréquents changements de conducteurs. Dans la partie de la plaine comprise dans l'arrondissement des Sables-d'Olonne, le berger, ordinairement homme d'un âge raisonnable, est possesseur d'un chien qui le suit partout, même quand il change de maître. Ce procédé, il faut en convenir, a bien quelques inconvénients ; le berger peut bien quelquefois chercher à rapiner pour mieux nourrir son animal. Puis l'on n'aime pas ordinairement à voir dans les exploitations, de ces animaux étrangers auxquels on n'est pas habitué. Mais aussi combien est mieux exécutée la garde des troupeaux ! Combien de fois arrive-t-il, par exemple dans les jours pluvieux, que le berger, par paresse, laisse commettre des dégâts à son troupeau? S'il eût possédé un bon chien, habitué à ses manières, il est supposable qu'il n'en eût point été ainsi ; il eût, sans se déranger, pu prévenir ces dommages.

Il est un fait acquis à l'économie rurale, c'est que la nourriture ne produit d'effet sur les animaux qu'autant qu'elle est distribuée avec soin et en temps opportun. Combien de fois a-t-on vu deux troupeaux de moutons, pâturant sur les mêmes terrains, présenter un état différent d'embonpoint? C'est que l'un des deux était confié à un berger soigneux, sachant accélérer ou retarder la marche de ses animaux suivant la plus ou moins grande quantité de plantes nutritives qu'ils avaient à paître ; c'est qu'il savait, dans la conduite de son troupeau, faire prendre chaque jour une quantité de nourriture à peu près uniforme. Tandis que le gardien non soigneux ou pas assez intelligent pour réfléchir sérieusement sur l'entretien de ses animaux, ne pensait qu'à les faire rassasier quand l'occasion s'en présentait, sans se préoccuper de l'uniformité de la nourriture, ni souvent même de l'alimentation du lendemain.

Quand, dans un champ quelconque, on conduit un troupeau pour la première fois, il faudrait ne pas le lui livrer d'abord tout entier. La raison en est que les animaux paissant primitivement l'herbe la plus nutritive, ne trouvent plus après quelques jours une nourriture substantielle. Le berger soigneux devrait toujours, le matin, commencer par faire pâturer ses animaux dans un lieu où l'herbe est moins abondante, puis posséder continuellement des champs de réserve où il menerait rassasier son troupeau avant de le mettre au parc. Toutes les fois que des légumineuses ne forment pas la majorité des plantes que l'on fait pâturer, il n'est pas de grands inconvénients à y conduire les moutons, soit de grand matin, soit le soir après le coucher du soleil. Quand, au contraire, ce sont des prairies artificielles qui sont destinées à nourrir le

troupeau, il faut autant que possible éviter la rosée et le
serein. Dans tous les cas, les luzernières et les tréflières conviennent davantage pour faire rassasier les moutons que pour
les nourrir exclusivement. Le berger ne doit pas faire courir
son troupeau pendant toute une journée; il doit se persuader
que la nourriture ne produit d'effet qu'autant que les animaux
peuvent ensuite ruminer et digérer à leur aise. Pendant les
chaleurs de l'été, on doit dans le milieu de la journée rentrer
le troupeau au parc ou à la bergerie. Autant que possible on
évitera les chemins pleins de poussière et les champs trop
humides où l'herbe trop aqueuse est contraire à la santé des
bêtes ovines.

C'est surtout pendant l'hiver qu'il devient utile de modifier
le mode d'entretien des bêtes à laine. La plaine et le bocage
négligent presque continuellement de donner à la bergerie un
surcroît de nourriture. Le marais, qui se croit à ce sujet plus
prévoyant, mais pour lequel les soins trop minutieux sont des
charges insupportables, conduit l'hiver ses troupeaux dans
les prairies. Voilà pourtant où en est la sage prévoyance des
cabaniers, loin de chercher à cultiver quelques hectares de
garobe qui ne coûteraient presque rien et ne diminueraient
pas le produit des récoltes suivantes; loin de chercher à cultiver des racines fourragères qui, nous en sommes persuadés,
croîtraient parfaitement aussi, ils trouvent plus simple de
conduire les animaux dans les prairies, au risque de voir
considérablement diminuer les fourrages de l'année suivante.

A chaque pas que l'on fait dans l'hygiène et l'éducation des
animaux domestiques de l'arrondissement, toutes les fois que
l'on soulève un coin du voile, l'on gémit à l'aspect des imper-
fections agricoles. Cependant, en marais, ce n'est pas généralement l'instruction qui manque à beaucoup de cabaniers;
les jeunes gens d'aujourd'hui en reçoivent une, même parfaitement en rapport avec leur position. Le prix des fermes
devient trop considérable, dit-on, l'on ne peut plus même
vivre honorablement. Mais comment n'en serait-il pas ainsi?
Depuis vingt ans, le prix des fermes a doublé, et l'agriculture
est aujourd'hui telle qu'elle était alors, et l'entretien des ani-

maux n'a pas sensiblement changé. Il n'est, selon nous, qu'un seul moyen d'arriver rapidement à de nombreuses et importantes améliorations. C'est d'établir des fermes modèles telles que nous les avons décrites dans le premier chapitre de ce travail. C'est par l'exemple qu'il faut agir, nous devons le répéter ici. Les théories et les phrases ne produiront jamais d'améliorations assez rapides et assez considérables.

Dans tous les pays de bonne culture, les moutons, logés dans des bergeries spacieuses et bien aérées, ne vont pâturer pendant l'hiver que dans les belles journées. Dans tous les cas ils reçoivent dans leurs habitations des navets, des raves, des bettes champêtres, des carottes, des choux, des pommes de terre, des regains, des gerbées et même des grains donnés en plus ou moins grande abondance. C'est une erreur de croire qu'une stabulation momentanée deviendrait nuisible aux animaux de l'espèce ovine ; ils y seraient, au contraire, bien mieux, qu'exposés aux intempéries de toute sorte. Puis, dans les lieux où la stabulation permanente est mise en usage, les moutons n'y sont pas plus souvent malades qu'ailleurs. Il est, au contraire, reconnu que, sous le rapport de la finesse de la laine il y a d'immenses avantages dans ce mode d'entretien. Nous savons bien que ce sont là des innovations demandant beaucoup de peine, et que, de la routine, les agriculteurs font souvent un Dieu. Mais avec la volonté l'homme surmonte bien des obstacles. Puis qu'a-t-on sans peine? Un agriculteur ne doit du reste jamais compter là-dessus, son état l'y oblige.

Il est un point que dans nos contrées l'on néglige complètement dans l'entretien des bêtes à laine, l'on ne se préoccupe nullement de leur boisson. Nous sommes persuadés que de nombreuses maladies sont le résultat de cette négligence, et nous ne saurions trop recommander un plus grand soin dans cette partie de l'hygiène de ces animaux. Le berger devrait chaque jour, sans beaucoup s'y arrêter, faire passer le troupeau près d'un abreuvoir contenant de bonne eau. Nous pensons que l'on pourrait peut-être prévenir la pourriture dans les troupeaux où elle est imminente, en mettant à leur portée de l'eau où a séjourné de vieilles ferrailles, ou bien dans laquelle on a fait dissoudre une certaine quantité de sulfate de fer, cinquante grammes par cinq à six seaux d'eau, par exemple.

Dans l'arrondissement, l'engraissement des bêtes à laine donne lieu à bien peu de soins particuliers. On se contente seulement de faire pâturer aux animaux une herbe plus abondante. C'est à deux ans que l'on engraisse les moutons du marais; ils sont avec les animaux de l'espèce bovine abandonnés nuit et jour dans les pâturages. Les brebis sont aussi engraissées de la même manière, mais seulement à l'âge de cinq ou six ans. A la fin de l'été, les cabaniers se procurent généralement aussi, comme nous l'avons dit, des moutons de la plaine, du bocage ou des Landes de Bretagne, dont ils se défont après les avoir gardés environ deux mois. L'engraissement de pouture pourrait être partout avantageusement employé; mais comme l'entretien des bêtes à laine à la bergerie, il nécessiterait d'abord un changement dans l'état de l'agriculture. Pour le mouton, plus particulièrement que pour les autres animaux domestiques, l'obésité est un état maladif qu'il ne faut pas trop longtemps prolonger. Nous conseillons donc de se défaire des animaux gras immédiatement après la terminaison de l'opération.

La tonte des moutons ne présente chez nous rien de particulier. On l'exécute à la fin de mai et sans avoir recours préalablement au lavage à dos. L'on tond généralement les agneaux qui, âgés alors de quatre ou cinq mois, offrent déjà une toison assez abondante. C'est à tort que quelques agriculteurs négligent quelquefois cette opération sur les jeunes sujets; ils doivent se persuader que c'est une perte sans profit. Sous l'influence des chaleurs de l'été, la laine ne fait qu'incommoder les animaux, puis à la saison des frimas la nouvelle toison est toujours devenue assez longue pour préserver les jeunes sujets des intempéries.

Elevage des animaux de l'espèce ovine.

Le choix des reproducteurs n'est pas moins important

dans l'espèce ovine que dans les autres espèces domestiques. Il faut toujours choisir ces animaux en parfait état de santé, vigoureux, se défendant quand on cherche à les prendre par les jambes. Le bélier surtout doit être vif et marcher à la tête du troupeau ; il doit avoir les conjonctives rosées, et sa laine ne doit point aisément s'arracher. La finesse de la toison quelle que soit la race des animaux, doit être toujours recherchée. L'on ne doit point négliger non plus les formes et le volume du corps, mais il faut avant tout tenir compte de la nourriture que l'on pourra donner, et ne pas introduire des animaux forts, mangeant beaucoup, dans une contrée où la nourriture est peu abondante.

La lutte des bêtes ovines se fait partout dans les mois de juin, juillet et août. Dans quelques troupeaux bien tenus, on met hors ce temps un tablier sous le ventre des béliers, afin qu'ils ne couvrent les femelles dans une autre saison, et afin que tous les agneaux naissent à peu près à la même époque. On conseille généralement de donner 3 béliers par 100 brebis; mais dans nos contrées, on ne tient que rarement compte de ces règles, et pour cette même quantité de femelles portières, on rencontre ordinairement 4 ou 5 béliers. Le bélier, du reste, est très-fécond, il peut saillir avec fruit plus de 30 femelles. Nous avons un fait qui nous est presque personnel et qui prouve la grande fécondité du bélier. Un de nos parents possédait, une année, par suite de mortalités et un peu par négligence, un seul bélier pour une centaine de brebis portières. Ses brebis ne s'en trouvèrent pas moins tout aussi bien couvertes que d'habitude, et il lui naquit 39 agneaux dans une même nuit. Ceci ne prouve certes pas que les 39 femelles avaient été fécondées le même jour, mais il en résulte qu'elles l'avaient été au moins à peu de jours d'intervalle.

A l'époque de l'agnelage, les cultivateurs ne séparent les brebis du reste du troupeau qu'au moment où elles deviennent mères. Cette habitude est préjudiciable en ce qu'elle peut être la cause de nombreux avortements. Il serait bien préférable, dès un mois avant la mise bas, de mettre à part toutes les brebis pleines et de leur donner alors un surcroît de nourriture.

Il arrive quelquefois aux brebis d'être mauvaises mères à leur premier accouchement. Pour leur faire adopter leur agneau, l'on emploie ordinairement un bien simple moyen : il suffit de présenter devant un chien le petit à sa mère. L'instinct de la maternité se réveille alors chez la brebis, et, sans doute pour préserver le petit être qu'elle vient de mettre au jour, elle l'adopte immédiatement. On présente chaque jour deux ou trois fois les agneaux à leurs mères. Celles-ci vont constamment pâturer, tandis que c'est seulement pendant les belles journées que les petits sortent de la bergerie. Nous pensons que l'on devrait, après l'agnelage, donner un surcroît de nourriture aux brebis nourrices afin d'augmenter leur lait. C'est dans leur jeunesse, en effet, qu'il faut surtout bien nourrir les animaux, c'est alors que se posent les bases du tempérament.

Le sevrage des agneaux se fait naturellement, sans aucune peine et par l'effet seul de la disparition du lait de leurs mères. Jusque-là ces jeunes animaux n'ont reçu aucune nourriture spéciale. Dès les premiers beaux jours du printemps, ils ont été traités comme le reste du troupeau.

La castration des jeunes animaux de l'espèce ovine se fait ordinairement à l'âge de huit ou neuf mois, c'est-à-dire au moment du sevrage. C'est au bistournage que l'on a constamment recours pour déterminer l'atrophie des organes essentiels à la génération. Dans la castration des veaux, ce mode opératoire devient utile pour laisser aux animaux une certaine énergie dont ils ont encore besoin ; mais pour les bêtes à laine, cette énergie est préjudiciable ; et, quel que soit le nombre de tours que l'on fasse exécuter aux testicules, ces organes conservent toujours sur l'économie une prédominence désavantageuse. Il serait préférable d'avoir recours à l'ablation complète des testicules dès l'âge de deux mois environ. L'opération ne serait pas plus dangereuse que le bistournage, et elle tendrait davantage au but que l'on veut atteindre ; elle déterminerait chez les animaux une plus grande propension à l'engraissement. Il faudrait, dans ce cas, faire la réserve de quelques jeunes agneaux parmi lesquels on ferait plus tard le choix des pères,

La castration des agnèles a été dans quelques contrées de la France quelquefois mise en usage. Elle tend à rendre l'engraissement plus complet et plus aisé. Peut-être y aurait-il avantage à faire, dans nos contrées, quelques essais de cette nature.

Généralités sur l'amélioration des bêtes à laine de l'arrondissement.

L'entretien de l'espèce ovine, plus particulièrement que celui des autres animaux domestiques, est essentiellement soumis aux diverses phases de l'agriculture, et sous le point de vue du nombre des animaux, et sous celui de leur amélioration. Avec l'agriculture pastorale, des animaux en grand nombre, mais essentiellement soumis à l'état topographique et climatérique des localités. Avec l'agriculture *culturale,* si l'on peut ainsi parler, des animaux domestiques en petit nombre et réflétant encore, mais à un moindre degré, l'influence du climat. Enfin, avec la culture alterne, des animaux en assez grand nombre, mais à leur tour entièrement soumis à l'influence de l'homme, et conséquemment variables suivant l'intelligence ou les caprices des propriétaires. Or, avant d'améliorer, et surtout avant d'améliorer l'espèce ovine, il est indispensable de constater à quel point en est arrivée l'agriculture de la localité, puis de savoir en même temps quel degré de perfectionnement elle est susceptible d'atteindre prochainement.

Les croisements peuvent assurément beaucoup sur l'amélioration des races ovines ; mais, dans beaucoup de localités, nous aurions bien peu de confiance dans le succès, si l'on ne faisait marcher en même temps les améliorations dans l'alimentation et dans l'entretien de ces animaux. Quelle race perfectionnée pourrait, par exemple, vivre et s'entretenir en plaine, si on ne lui donnait d'autres aliments que ceux que reçoivent les animaux rabougris de cette contrée ? Ainsi, nous le répétons encore, point d'améliorations bien durables dans les races d'animaux domestiques, et principalement dans les races ovines, sans une amélioration préalable dans l'état de l'agriculture.

La question de corélation entre l'organisme animal et la faculté productive du sol, que nous avons vu se reproduire quand il s'est agi d'améliorer les grands animaux domestiques, est encore très-importante ici, surtout avec notre agriculture *culturale* et semi-pastorale. Les races qui consomment beaucoup ne doivent point être introduites dans les contrées où elles ne pourraient trouver des aliments suffisants pour leur entretien. En outre, le mouton, originaire des pays de montagnes, craint encore généralement l'humidité, mais d'une manière différente, suivant la race à laquelle il appartient. Le mérinos est plus impressionnable à l'humidité que la race de la plaine et surtout que celle du bocage, et les moutons flandrins vivent dans les marais sans en être sensiblement incommodés. Les pâturages salés des bords de l'Océan contrarient sensiblement l'effet de l'humidité; aussi, voyons-nous la race mérine mieux prospérer sur les lais de mer qu'à 8 ou 10 kilomètres de l'Océan. Tous ces faits doivent donc être pris en sérieuse considération quand il s'agit du choix d'un type améliorateur.

Dans l'amélioration des bêtes à laine, il faut aussi tenir compte de la destination des animaux, et s'attacher à la propension à l'engraissement ou à la finesse de la laine, suivant les débouchés de l'un ou de l'autre de ces produits.

Des croisements comme moyens d'amélioration.

Nous venons de dire que les croisements étaient le moyen le plus prompt pour améliorer convenablement nos races ovines, mais qu'il fallait y joindre des modifications dans l'entretien des animaux. Nous allons donc passer successivement en revue les croisements que nous croyons les plus avantageux à chacune de nos races, tout en indiquant, en même temps, les améliorations indispensables dans l'alimentation, les habitations et la conduite des troupeaux.

La race flandrine et la race mérine du marais pourraient être avantageusement modifiées à l'aide des moutons Dishley ou New-Kent. Les flandrins seraient alors susceptibles d'acquérir encore plus de propension à l'engraissement, et la laine, devenant plus fine, deviendrait aussi d'un prix plus élevé. Les métis anglo-mérinos, que l'on a déjà obtenus dans plusieurs localités de la France, participent des deux races-mères : ils acquièrent plus de propension à l'engraissement, en même temps qu'une viande plus succulente. La laine, plus fine que celle des moutons anglais, l'est moins que celle de la race mérine, mais est encore néanmoins très-recherchée pour la fabrication des draps. Enfin, et ceci est une considération très-importante, les animaux seraient bien moins susceptibles à l'action de l'humidité. Nous avons donc tout lieu de croire que ces deux races anglaises conviendraient parfaitement à cette contrée de l'arrondissement. Il est seulement quelques procédés hygiéniques qu'il ne faudrait pas négliger de modifier. Si, en Angleterre, les moutons Dishley n'entrent jamais à la bergerie, il ne s'en suit pas qu'il puisse toujours en être ainsi en France, nos variations atmosphériques en sont sans doute la cause. Les agriculteurs français, qui se livrent à l'élève des moutons anglais, les entretiennent sous des hangars ou dans des bergeries très-aérées. Il est également indispensable de préserver ces animaux des chaleurs brûlantes de l'été, en les enfermant dans de semblables logements pendant les heures où la température est le plus élevée. (Note 8.)

Si les agriculteurs de la plaine voulaient profiter de toutes les ressources que peut leur fournir le sol, s'ils voulaient donner à la bergerie un surcroît de nourriture, cultiver des racines fourragères, pour l'usage des bêtes à laine, l'on pourrait avantageusement croiser la race du pays avec la mérine. Il est facile de concevoir les immenses avantages qui en résulteraient sous le rapport de la finesse de la laine et du produit des troupeaux. Il serait peut-être préférable aujourd'hui d'employer la race de Naz, dont la taille est moins élevée que celle de Rambouillet. Peut-être pourrait-on employer aussi avec avantage la race à laine soyeuse de Graux.

Nous pensons qu'en bocage les Dishley et le New-Kent conviendraient encore pour améliorer les deux races ovines de cette contrée. Ces croisements auraient des avantages ana-

logues à ceux du marais. Mais là encore il faudrait préalable·
ment améliorer le mode d'entretien des bêtes ovines, et donner
surtout aux animaux un surcroît de nourriture. Nous appelons la sérieuse attention des agriculteurs sur l'importation
des béliers anglais. Avec des améliorations culturales préalables, on arriverait inévitablement à des modifications considérables dont le résultat se traduirait par des bénéfices
certains.

Il est un croisement que les agriculteurs de quelques con·
trées plus favorisées de la plaine ont assez fréquemment
employé, c'est le croisement avec la race parthenaise. Les produits qui en résultent sont préférables à notre race de la plaine,
sous le point de vue de l'aptitude à l'engraissement et sous
celui de la finesse de la laine. Le seul inconvénient qu'ils présentent, c'est de ne pouvoir réussir que dans quelques exploitations où la nourriture est déjà assez abondante pour permettre d'autres croisements susceptibles de produire de plus
précieux effets.

L'amélioration des races par elles-mêmes, que nous avons
regardée comme le moyen le plus efficace de modifier avan·
tageusement nos grands animaux domestiques, n'est pas
susceptible pour l'espèce ovine d'amener assez rapidement de
précieuses modifications. Jusqu'ici nous nous sommes occupés d'animaux bien loin de répondre à toutes les exigences,
loin d'être parfaits sous plus d'un rapport, mais encore généralement plus susceptibles que ceux d'aucune autre race de
procurer aux agriculteurs de grands bénéfices, de satisfaire
aux exigences variées du commerce et de la destination,
comme aussi de résister à l'influence du climat. Pour le cheval
et le bœuf, il y aurait de grands inconvénients à en changer
complétement les races, tandis que pour le mouton il ne peut
y avoir que des avantages, si cette substitution était dirigée
toutefois d'après une sévère logique. Nous sommes loin de
prétendre qu'il serait impossible de modifier avantageusement
nos races ovines par l'amélioration seule de leur alimentation,
de leur entretien, par les modifications avantageuses de l'agriculture. Mais n'est-il pas plus simple de profiter de ce qu'ont

fait d'autres agriculteurs, que d'aller entreprendre des améliorations qui ont demandé d'immenses capitaux et toute la
vie du célèbre Backwell.

Commerce auquel l'espèce ovine donne lieu.

Les transactions commerciales auxquelles les bêtes à laine
donnent lieu sont vraiment trop étendues, et trop variées,
pour qu'elles puissent être étudiées dans tous leurs détails.
Le même agriculteur qui, aujourd'hui, vend des animaux
de l'espèce ovine, en achetera dans quelques jours, et ceci
pour des motifs très-variés, souvent extrêmement futiles. Il
n'est presque de commerce réglé pour les bêtes à laine que
celui des animaux de boucherie. Nous avons dit que le marais
vendait ses moutons à l'âge de deux ans, et nous ajouterons
que la plaine et le bocage s'en défont quelquefois plus tôt.
Les brebis sont partout engraissées entre quatre et six ans.

On peut évaluer à 25 ou 30,000 le nombre des bêtes ovines
de l'arrondissement que l'on livre, chaque année, à la consommation, soit dans les villes du département, soit à Nantes,
à Niort, à la Rochelle et même à Paris. Il résulte du relevé
des octrois de Fontenay que notre ville consomme, par année,
4,000 moutons du poids moyen de 35 kilogrammes, pesés
vivants.

Le commerce des laines est très-important dans nos contrées. Ce sont généralement des fabricants du bocage qui
viennent, chaque année, acheter les laines de la plaine et
celles du marais; ils en fabriquent diverses espèces d'étoffes
qui, sous le nom de *baguettes,* de *molletons,* etc., font l'objet
d'un grand commerce. Les laines des bons métis mérinos du
marais se vendent, avons-nous dit, jusqu'à 5 ou 6 fr. la toison
non encore dégraissée. Les laines de la plaine ne valent rarement plus de 3 fr. la toison. Quant à celles du bocage, elles
se vendent encore un prix moins élevé.

*Maladies qui affectent le plus ordinairement les moutons
de l'arrondissement; caractère que généralement elles y
prennent; leurs causes.*

La pourriture est, dans le marais, la maladie la plus meurtrière des bêtes à laine. Elle est beaucoup plus rare sur les bords de l'Océan que sur la lisière bordant la plaine. On peut l'attribuer, non pas à l'humidité des hivers, saison pendant laquelle la maladie cesse ses ravages; mais peut-être bien aux pluies d'orage survenant pendant les fortes chaleurs de l'été. Elle apparaît ordinairement vers le mois de juillet, et s'arrête au moment des pluies d'automne. A l'appui de ces assertions, nous pourrions citer l'exemple d'un troupeau entièrement détruit par la cachexie dans le courant de cet été (1846), bien qu'on y eût adjoint un certain nombre de moutons de plaine, tous parfaitement sains lors de leur achat et réunis aux bêtes ovines de la ferme depuis deux ou trois mois seulement, c'est-à-dire à une époque postérieure à l'influence de l'humidité de l'hiver.

La clavelée, que l'on connaît chez nous sous le nom de *vérole des moutons*, est une maladie assez fréquente. Jamais, que nous sachions, l'inoculation n'a été employée pour pallier cette affection. Il semblerait que les bêtes à laine sont de trop peu d'importance, ou que l'autorité ignore l'existence de cette mesure.

La gale affecte indistinctement les animaux de toutes les localités; elle cause partout de grands préjudices à l'agriculture. La contagion est, sans doute, la principale cause de sa propagation; car les agriculteurs, surtout ceux de la plaine, ne se font quelquefois pas scrupule de mélanger avec les leurs, des animaux dont ils ignorent l'origine. Puis les bergers, occupés à jouer ensemble, ne s'inquiètent guère si des animaux galeux viennent se joindre aux troupeaux dont ils ont la garde. La malpropreté et les mauvais soins pourraient néanmoins quelquefois déterminer l'apparition de l'affection.

Le piétin est une affection assez rare dans nos contrées. C'est néanmoins cette maladie, sans doute mal soignée, qui a entièrement fait périr le beau troupeau de la régie de Saint-Michel.

Les indigestions venteuses affectent quelquefois les bêtes à laine. Elles sont dues à l'imprévoyance des bergers peu soigneux, et à la mauvaise habitude de conduire les troupeaux dans les prairies artificielles avant la chute de la rosée. Les animaux conduits par des bergers maraudeurs y sont très-sujets.

La maladie de sang fait quelquefois périr les animaux de l'espèce ovine. Comme partout, elle est due aux fourrages trop nutritifs. La maladie se développe sûrement sur les bancs d'huîtres de Saint-Michel, si l'on y laisse trop longtemps paître les bêtes ovines, tandis qu'à côté elles contractent la pourriture.

La tremblante, maladie qui semble particulière aux animaux de la race mérine, fait aussi quelques apparitions en marais.

CHAPITRE VI.

DU PORC.

Races porcines de l'arrondissement. — Statistique. — Entretien des porcs. — Élevage des animaux de l'espèce porcine. — Amélioration des races porcines de l'arrondissement. — Commerce auquel nos cochons donnent lieu. — Maladies qui affectent le plus communément les porcs de nos contrées; caractère que généralement elles y prennent; leurs causes.

Races porcines de l'arrondissement.

Le porc est pour l'habitant des campagnes l'animal le plus précieux que l'homme ait soumis à la domesticité. Lui seul est d'un entretien si peu coûteux, et peut être engraissé avec des substances d'une valeur si minime, que chaque petit ménage peut fournir la nourriture à l'un de ces animaux. La viande du porc est la seule qui pénètre sous le toit de chaume; seule, elle a le privilége d'entrer dans la nourriture du pauvre campagnard, de varier son alimentation si peu variée, et de tendre à lui procurer une organisation vigoureuse si nécessaire à ses longs et pénibles travaux.

Les agronomes ne se sont que fort peu occupés de l'entretien et de l'amélioration des porcs. Il semblerait que cet animal est de trop peu d'importance, ou est trop immonde, pour que les amateurs d'agriculture aient voulu descendre jusqu'à la porcherie. Nous voyons là un tort considérable, car, comme nous l'avons dit déjà, il n'est pas en agriculture de petits bénéfices; puis, le porc est l'animal du pauvre campagnard, du prolétaire, et, à ce titre surtout, il mérite d'attirer la sérieuse attention des amis du progrès et de l'humanité.

Nos porcs domestiques sont descendus du sanglier d'Europe que, dans nos forêts, l'on rencontre encore à l'état sauvage. La domination de l'homme a aussi agi puissamment sur ces animaux. Elle a créé de nombreuses races dont quelques-unes diffèrent tellement du type primitif qu'on a peine à les considérer comme ayant une commune origine.

On peut considérer tous les porcs de l'arrondissement comme appartenant à deux races distinctes. La race du marais n'est autre chose que celle des *cochons blancs du Poitou.* Les animaux ont la tête longue, le museau allongé et pointu, les oreilles pendantes, le corps long, *bien laisé,* le dos voussé, les membres forts, hauts, tous les os volumineux, un épi sur le milieu du dos. Ils ont une médiocre propension à l'engraissement, et atteignent quelquefois un poids de 250 kilogrammes.

La race du bocage peut être regardée comme provenant du croisement des cochons blancs du Poitou avec la race craonaise de la vallée. Les sujets de notre race du bocage ont le corps moins allongé que ceux du marais ; leur tête, à museau tronqué, est plus courte et pourvue quelquefois de breloques ; les membres sont courts et à ossature petite. Presque tous portent un épi sur le dos, un à la base de la queue et quelquefois un sur chaque côté du corps. Ces animaux s'engraissent plus aisément que ceux du marais et arrivent quelquefois au poids de 200 kilogrammes. Le porc du bocage offre, comme on le voit, beaucoup de ressemblance avec le craonais, seulement il a hérité de l'ancienne race du pays un poids plus considérable.

Statistique.

Le nombre des porcs peut être, nous le croyons, porté dans l'arrondissement à 30,000, dont plus de la moitié appartiennent à la race du bocage. On peut évaluer à 20 ou 24,000 ceux de ces animaux que l'on sacrifie annuellement chez nous pour la consommation. De sorte qu'en portant à 85 kilogrammes le poids moyen de chacun d'eux, l'on obtient un total de 1,700,000 à 2,040,000 kilogrammes de viande consommée par année. En divisant cette quantité en apparence considérable entre les 132,000 habitants, il s'ensuit que chacun consomme en moyenne 12 kilogrammes 500 grammes à 15 kilogrammes, ou par jour 1/26 de kilogramme à peu près.

Jacques Bujault avait calculé que la population des Deux-Sèvres consommait en moyenne par semaine 6/16 de demikilogramme de viande de porc par habitant, c'est-à-dire une quantité dix fois moindre que celle que le gouvernement accorde à un soldat. On a, il est vrai, reproché à l'évaluation de Bujault d'être restée un peu au-dessous de la vérité.

Entretien des porcs.

L'élève et l'entretien des porcs ne forment dans nos contrées qu'une industrie accessoire, mais néanmoins très-importante. Chaque fermier, chaque laboureur entretient ordinairement un ou plusieurs de ces animaux.

Les porcs maigres vont chaque jour chercher leur nourriture dans les champs ou les bois, pour chaque soir rentrer au toit. Ce n'est que pendant l'engraissement qu'ils sont constamment enfermés. Nous sommes loin de posséder des porcheries aussi bien entretenues que dans les pays où l'on se livre en grand à l'entretien de ces animaux. Les cochons à l'engrais, les porcelets et les truies nourrices, ceux en un mot qui doivent rester continuellement enfermés, sont le plus ordinairement logés dans des toits humides et mal pavés. Ils reçoivent leur nourriture dans une auge en pierre ou en bois, et ne sont que rarement pourvus d'une litière abondante. Ce ne sont pas précisément les dimensions du logement qui laissent à désirer, c'est sa propreté, c'est son entretien. Un toit à porc bien construit devrait toujours être élevé de 20 ou 30 centimètres au moins au-dessus du sol; le pavé devrait être régulier, autant que possible à larges dalles et présenter une pente assez considérable pour permettre l'écoulement parfait des urines. Les excréments devraient être fréquemment enlevés, et l'on devrait totalement faire disparaître les toiles d'araignée. Enfin une abondante litière ne doit jamais être négligée, surtout pour les porcelets et pour les animaux chez lesquels l'engraissement est déjà avancé. Nous pensons aussi que l'on pourrait avantageusement diviser les portes en deux parties, afin de pouvoir, dans les beaux jours, donner une aération convenable au local, tout en permettant de maintenir les animaux dans leurs logements. L'on se persuade généralement que le porc qui, faute d'eau claire, se vautre dans la fange, aime la malpropreté. C'est une erreur, si cet animal recherche la boue, la raison en est que l'on ne met pas à sa disposition une eau limpide, et que sa peau très-irritable a besoin d'être fréquemment rafraichie.

La nourriture des porcs maigres se compose d'aliments très-variés, et, comme nous l'avons dit déjà, rarement donnés à la porcherie. En marais, on envoie ces animaux chaque jour dans les prés où ils trouvent pour nourriture des plantes diverses et des insectes. Après la levée de la récolte, les porcs trouvent dans les éteules une nourriture assez abondante; mais c'est surtout dans les champs où l'on vient de récolter les fèves qu'ils rencontrent une alimentation substantielle et de leur goût.

En bocage, les porcs maigres vont aussi dans les champs ou dans les bois chercher leur nourriture. A la saison des glands, des chataignes et des faînes, ils trouvent des aliments en quantité bien suffisante pour leur parfait entretien. Ces animaux sont alors quelquefois deux, trois jours et même davantage sans rentrer au domicile de leurs maîtres; mais ils savent néanmoins retrouver leurs chemins et se rapprocher de temps à autre de leurs logements. L'on a assez fréquemment vu dans nos contrées des truies soumises à ce mode d'entretien, être couvertes par des sangliers et donner naissance à des métis féconds dont la viande est très-estimée.

Pour empêcher les porcs de *fouger*, on leur met au grouin une pièce de fer quelquefois composée de deux branches et représentant un U dont les branches sont pointues et recourbées en avant. Pour fixer cet instrument, on perce le grouin de bas en haut, et on empêche l'instrument de descendre à l'aide d'une petite traverse. D'autres fois, on se sert d'un simple morceau de fer aplati que l'on passe dans le grouin et que l'on assujettit en le rivant par les deux bouts. L'un et l'autre de ces instruments reçoivent chez nous le nom de *claveau*, et l'opération est dite *claveler*.

Pour l'entretien des porcs maigres, il est quelques plantes que partout l'on reconnaît comme salutaires et que l'on pourrait employer avec avantage. Nous voulons parler des trèfles et de la luzerne que ces animaux recherchent avec avidité. En général, pour la nourriture des cochons, les légumineuses conviennent davantage que les graminées, et il est préférable de les leur faire prendre sur pied que de les couper pour les donner à la porcherie.

Si l'on se livrait en grand à l'élève des porcs, nous recommanderions des cultures spéciales pour leur entretien, puis des modifications avantageuses et appropriées dans la construction des porcheries. Mais chez nous, cette industrie, quoique importante, ne peut être considérée que comme accessoire ; et, bien que nous voudrions lui voir prendre un plus grand développement, nous sommes loin de penser qu'elle acquerrera jamais l'importance qu'elle a dans le Quercy, le Limousin, etc., etc.

La plus grande partie des porcs que l'on engraisse sont soumis à l'opération des l'âge de trois ou quatre mois, c'est-à-dire dans les mois d'avril ou de mai, pour être sacrifiés dans le courant de novembre ou de décembre. L'on attend généralement pour engraisser les truies portières qu'elles aient atteint l'âge de deux ans ou de trois ans et même davantage.

Comme la grande majorité des ménages n'engraissent ordinairement qu'un seul cochon à la fois, ces animaux sont généralement seuls à seuls, enfermés dans des toits tels que nous les avons décrits. On leur donne pour nourriture l'eau de vaisselle, le caillé, le petit-lait, tous les débris de la cuisine, du ménage en un mot, auxquels on ajoute du son et de la farine. Généralement on mélange ces substances les unes avec les autres, et on les désigne alors sous le nom généririque de *brenée*. Les ménagères ont le soin de distribuer régulièrement les aliments, de n'en donner à chaque fois que la quantité strictement nécessaire pour chaque repas, puis d'enlever à chaque fois aussi les aliments précédemment réfusés. Nous devons citer à nos cultivateurs, au sujet de l'administration des substances aigries, l'opinion de Mathieu de Dombale. Ce savant agronome pense que quand une fois on a commencé l'administration de ces substances, il faut en continuer l'usage sous peine de voir maigrir ces animaux.

On donne aussi aux porcs à l'engrais des pommes de terre cuites ou crues que l'on mélange généralement avec les autres aliments. Enfin pour terminer l'opération, l'on fait consommer des grains et des criblures (drosses). C'est l'orge et le seigle qu'en plaine et en bocage l'on donne à ces animaux; tandis qu'en marais, ce sont les fèves que l'on emploie pour terminer l'engraissement. Les glands, donnés sans préparation, sont usités en bocage pour les cochons d'engrais. Ces fruits produisent un lard plus ferme que toutes les autres substances végétales.

En général, pour l'engraissement des porcs, nos agriculteurs ne font ordinairement pas de grandes dépenses. Les aliments qu'ils donnent ne pourraient être le plus ordinairement consommés que par ces animaux. Cette industrie, faite en petit par l'immense majorité des ménages, ne contrarie nullement les autres branches de l'agriculture : ses produits peuvent être considérés comme tout bénéfice; aussi, est-elle d'un grand secours à nos populations rurales.

L'engraissement des animaux de l'espèce porcine est néanmoins dans nos contrées susceptible de quelques améliorations. L'on pourrait d'abord commencer l'opération, chez les porcs adultes, par de la luzerne et du trèfle incarnat, puis passer successivement à des aliments plus nutritifs. Le fruit du marronnier d'Inde, dont on ne retire chez nous aucun parti, peut, après avoir été préalablement traité par l'eau bouillante pour lui enlever son âcreté, être employé avec avantage à l'entretien des porcs à l'engrais. Dans le voisinage des fabriques d'huile, des amidonneries, des brasseries, etc., l'on pourrait avec bénéfice utiliser les résidus pour l'engraissement des porcs. Les racines fourragères, comme betteraves, pommes de terre, sont toutes susceptibles de faciliter l'engraissement et mériteraient d'être plus souvent mises en usage. Nous avons surtout à recommander la carotte que des expériences ont prouvé être, de toutes, celle qui convient le mieux. Enfin, les substances animales, la chair de cheval, les débris de boucherie qui, dans les environs de Paris, servent en grand à l'engraissement des cochons, pourraient chez nous être avantageusement employés aux mêmes usages, soit après la cuisson, soit sans avoir préalablement recours à ce moyen de purification. Que les consommateurs n'aient aucune crainte sur l'état sanitaire de la viande qui en proviendrait, des expériences nombreuses ont prouvé qu'elle était aussi salubre que celle obtenue avec des substances purement végétales. Les porcs, nourris de matières animales, doivent recevoir en même temps des aliments végétaux pour alterner les premiers. Il faut, autant que possible, leur donner régulièrement leur nourriture, et ne pas cesser l'emploi de la chair après un usage plus ou moins prolongé.

Pour le porc, ainsi que pour les autres animaux domestiques, il est rarement avantageux de pousser l'engraissement jusqu'au dernier degré. Les derniers aliments donnés sont loin, à égalité de qualité et de quantité, de produire autant de graisse que les premiers.

Elevage des animaux de l'espèce porcine.

Ce sont généralement les fermiers et les métayers qui se livrent, dans nos contrées, à la production des animaux de l'espèce porcine. Ils s'arrangent de manière à ce que les truies fassent leurs petits, et que ces derniers soient bons à sevrer au moment où les vaches ont le plus de lait. C'est dans les mois d'octobre, de novembre et de décembre que l'on fait généralement saillir les truies portières, afin que la mise-bas ait lieu à la fin de l'hiver ou dans les premiers jours du printemps. Le choix des reproducteurs ne doit pas être négligé dans l'espèce du porc. Nous verrons bientôt qu'il y a souvent plus d'avantage, sous tous les rapports, à produire des sujets de petite taille que des animaux à haute stature. Autant que possible, on recherchera, dans le verrat et la truie portière, des formes arrondies, un corps allonge et une ossature grêle. Tous les sujets mous, chez lesquels la ladrerie est à craindre, devront être exclus de la reproduction. La truie est saillie sans inconvénient, dans nos contrées, dès l'âge de huit ou neuf mois.

La truie, comme on le sait, peut à la rigueur faire 3 portées dans une année; mais il est rare qu'on la fasse saillir plus de 2 fois. Du reste, les portées des truies sont, dans nos fermes, toujours dirigées d'après la quantité d'aliments que l'on pourra donner aux gorets, et suivant le débouché que l'on pourra trouver des produits. Tout le monde sait combien porte une truie; et nos ménagères, pour exprimer qu'elle met bas entre la seizième et la dix-septième semaine, emploient des expressions dont elles ont presque fait un adage populaire : « Entre *seize et dix-sept,* disent-elles, la *truie fait ses* « *gorets.* »

On surveille ordinairement la mère au moment de la mise-bas, afin de l'aider si l'opération est difficile, de l'empêcher d'écraser sa progéniture en se roulant dans les douleurs de l'accouchement, ou de la dévorer avec l'arrière-faix. Ce dernier cas est néanmoins assez rare, et l'on a bien le soin de ne plus livrer à la reproduction une truie qui, une première fois, n'a pas respecté ses porcelets. L'on conseille, pour éviter cet accident, de mieux nourrir les mères dans les derniers jours de la gestation, ce qui, du reste, ne peut qu'agir favorablement sur la mère et sur les petits qu'elle porte. Nos ménagères ne se préoccupent rarement du choix des mamelles à faire prendre aux nouveau-nés. Comme la mamelle qu'ils tettent pour la première fois est celle qu'ils conserveront toujours, il serait utile de réserver les plus grosses pour les plus petits des sujets. Le dernier goret, qui naît à chaque portée, est ordinairement plus faible que ses frères; on l'appelle le *coin* ou le *couic*; il exige souvent des soins spéciaux. Dans le cas où il naît plus de porcelets que la mère ne porte de mamelles , on conseille d'abord de les garder tous pour égorger à trois semaines ceux qui n'ont pas de mamelles pour eux. Si l'on a 2 truies mettant bas en même temps , on peut les donner à celle qui peut les nourrir ; elle les adopte sans difficulté, pourvu qu'on les place à ses mamelles au moment de l'accouchement. Si une mère nourrit un nombre un peu considérable de gorets, on doit lui fournir une nourriture substantielle, afin qu'elle puisse donner un lait plus abondant. Dès l'âge de douze à quinze jours , les porcelets reçoivent du lait de vache comme supplément à celui de leur mère. On a le soin de donner ce liquide tout chaud en sortant du pis de la vache, ou après l'avoir fait préalablement réchauffer. Dans tout l'arrondissement, l'on sèvre généralement les gorets dès l'âge de six semaines à deux mois. On ne prend souvent aucune précaution pour effectuer ce changement subit de nourriture. Dix à quinze jours avant le sevrage, nous conseillerons de ne présenter d'abord la mère à ses petits que trois fois par jour, puis deux, puis une ensuite, en ayant soin, en même temps , d'augmenter la nourriture des petits en raison de la diminution du lait de la mère. On pourrait aussi diminuer l'alimentation de la truie-nourrice, afin de rendre la sécrétion lactée beaucoup moins considérable.

Les petits porcelets doivent être logés dans des toits bien aérés , mais où la température sera néanmoins plutôt élevée que basse. On doit surtout éviter l'humidité et leur procurer sans cesse une abondante litière.

La castration des gorets se fait généralement à l'âge de trois semaines ou un mois. Ce sont les ménagères qui, armées ordinairement d'un rasoir, se chargent de cette opération si simple et si rarement suivie d'accidents fâcheux. La castration des truies est aussi quelquefois mise en usage. C'est à l'âge de deux mois et demi, et même quelquefois plus tard, que l'on pratique cette opération. Ce sont des châtreurs de profession, du reste fort habiles, qui, du Périgord, viennent dans nos contrées exercer leur industrie. Il est à regretter que la pratique de cette opération ne soit pas plus étendue pour ces femelles domestiques. Tout le monde a pu apprécier combien les truies castrées engraissent plus aisément et plus complétement que celles qui n'ont pas été soumises à cette opération. Les femelles adultes peuvent aussi, quoiqu'elles aient déjà mis bas une ou plusieurs fois, être soumises à l'opération sans qu'il en résulte ordinairement des accidents fâcheux.

Amélioration des races porcines de l'arrondissement.

L'amélioration d'un animal aussi précieux que le porc, aussi utile aux malheureux campagnards, est une question qui touche, non-seulement aux intérêts ruraux, mais qui a, en outre, son influence sur l'état sanitaire de la population, et même sur son état moral. Améliorer le porc, c'est donc agir favorablement sur la classe la plus nombreuse de la société, c'est soulager les populations rurales dont les malheurs sont souvent ignorés, c'est tendre à la solution si complexe des améliorations agricoles, en agissant à la fois et sur l'homme et sur la terre et ses produits.

Dans l'amélioration des races porcines, nous n'avons que fort peu à nous occuper si le climat sera favorable aux sujets améliorés, car il est reconnu qu'en général ces animaux s'entretiennent dans toutes les localités, pourvu que le climat y soit tempéré.

Le mode d'entretien auquel sont soumis les animaux de la localité mérite d'être pris en considération. Les races à courtes jambes, par exemple, ne conviennent pas dans les lieux où les sujets sont obligés d'aller au loin chercher leur nourriture. Tandis que dans les localités où on les peut entretenir à la porcherie, elles peuvent être d'un grand secours aux cultivateurs.

Il est souvent plus avantageux de diminuer le volume de nos cochons que de chercher à l'augmenter. Il est de toute inutilité d'accorder la préférence aux grandes races. Qu'importe après tout d'obtenir 200 kilogrammes de viande d'un seul animal ou de deux? Ce qui doit être pris en considération, c'est de les obtenir avec le moins de nourriture possible, afin d'arriver à un bénéfice net plus considérable. Les cochons moins volumineux sont à la portée même des petits ménages; tandis que les grands animaux ne peuvent être achetés que par des cultivateurs aisés. Dans les ménages même où l'on consomme une assez grande quantité de cette viande, il est préférable de tuer davantage d'animaux; car il est reconnu que la viande fraîche est plus salubre que celle depuis long-temps pénétrée de sel et altérée par le temps.

Enfin comme le cochon est exclusivement un animal de boucherie, il faut choisir une race susceptible de s'engraisser rapidement et à peu de frais.

Les croisements sont le moyen le plus prompt et le plus simple pour arriver rapidement à la modification avantageuse de nos races porcines. L'amélioration des races par elles-mêmes ne serait pas, ce nous semble, d'une grande efficacité; d'abord parce que, comme nous l'avons dit au sujet du mou-ton, il faudrait beaucoup trop de temps, beaucoup trop de persistance; puis, parce que l'entretien du parc est une indus-trie considérée chez nous comme trop peu importante pour que les propriétaires voulussent sérieusement s'occuper de l'amélioration de ces animaux. Le département des Deux-Sèvres est parvenu à améliorer considérablement l'espèce porcine, à l'aide de l'introduction d'une race étrangère à la localité. Pourquoi alors ne pas suivre l'exemple de nos voi-sins? Pourquoi rester encore dans l'inaction quand on a tant à faire?

Le voisinage seul du bocage et de la vallée de Craon a déterminé le croisement des races particulières à ces deux localités. Nous avons déjà fait connaître les résultats avanta-geux de ce croisement, et nous pensons que l'on pourrait encore introduire avec fruit en bocage du pur sang craonais. La race du marais pourrait aussi être avantageusement modi-fiée par ces mêmes croisements. Les agriculteurs ne doivent pas chercher à repousser ce mode d'amélioration, sous le seul prétexte de la diminution du volume des animaux; nous avons montré que cette diminution était au contraire avanta-geuse. On objectera, nous le savons, à la multiplication des petites races que la vente d'un certain nombre de jeunes gorets, provenant d'une grande race , est plus lucrative que celle d'un égal nombre provenant d'une race moins volumineuse. Mais si l'on admet que les animaux consomment en raison de leur volume, il doit en résulter que l'on pourra entretenir 6 truies portières d'une petite race où il était possible d'en entretenir 3 de la race du marais.

Les croisements avec la race craonaise sont de tous, ceux qui conviennent le plus à notre arrondissement, car les sujets ressemblent assez aux nôtres, quant à la conformation, et en diffèrent seulement par leurs qualités.

L'introduction des anglo-turco-chinois pourrait être essayée, mais il faudrait agir avec beaucoup de ménagements: il pourrait bien se faire d'une part que ces petits animaux ne fussent pas assez marcheurs pour aller chercher leur nourriture; puis, en outre, nos paysans sont pleins de préjugés au sujet des cochons à poils noirs, il est même difficile de leur faire adopter des sujets pies. Nous pensons que l'on pourrait d'abord faire de ces introductions en petit, sauf à les propager davantage si l'expérience venait ensuite confirmer leurs bons effets (NOTE 9).

Commerce auquel nos cochons donnent lieu.

Le commerce des animaux de l'espèce porcine, est dans nos contrées plus étendu qu'il ne le paraît d'abord. Mais sous le rapport des prix infiniment variables, ce commerce est loin d'être régulier. La grande majorité des porcs qui s'engraissent dans l'arrondissement y sont aussi consommés, et les importations ne sont que fort peu importantes. Nous sommes, du reste, trop éloignés du Périgord, pour que cette contrée cherche à nous faire concurrence, puis nous n'engraissons qu'un trop petit nombre de porcs, pour pouvoir en exporter une très-grande quantité.

C'est entre les diverses contrées de l'arrondissement que le commerce des cochons gras s'effectue plus particulièrement. Tous ceux que l'on engraisse en marais y sont consommés, et le bocage en fournit même à la partie orientale du bassin de à Sèvre. Cette dernière contrée, en outre de sa consommation, alimente encore presque entièrement la plaine. Un cochon gras, acheté sur pieds, n'est que rarement payé à raison de plus de 35 à 40 centimes le demi-kilogramme, viande nette.

Le commerce des cochons de lait est plus étendu encore que celui des animaux gras. Les cabaniers vendent aux journaliers du marais ou de la plaine un grand nombre de porcelets à peine sevrés, qui, dès-lors jusqu'en automne, sont soumis à l'engraissement. Les métayers du bocage se livrent aussi à la production des jeunes gorets, dont ils se défont à deux mois ou deux mois et demi à peu près. Enfin des marchands conduisent à toutes nos foires, des gorets craonais ou des races des Deux-Sèvres et de la Vienne. Ils sont âgés de trois ou de quatre mois, et sont connus sous le nom générique de *gorets-benets*.

Maladies qui affectent le plus communément les porcs de nos contrées ; caractère que généralement elles y prennent; leurs causes.

Les maladies du porc sont généralement inflammatoires et ont une marche assez rapide. La médecine vétérinaire a peut-être bien encore quelque chose à faire pour amener la pathologie du porc au point où en est arrivée celle des autres animaux domestiques. Néanmoins, nous croyons pouvoir citer les affections suivantes comme se rencontrant le plus fréquemment sur les animaux de l'espèce porcine.

Les *gastro-entérites* sont communes dans toutes les localités. Elles sont dues à plusieurs causes, souvent difficiles à déterminer, mais au nombre desquelles on peut placer en première ligne les aliments de mauvaise qualité.

Les *angines* aussi se montrent communes sur les animaux dont nous nous occupons. Ces affections revêtent quelquefois le caractère gangréneux, et sont souvent confondues avec le *soyon*.

L'étyologie du soyon, que nos paysans appellent *le poil*, est encore bien peu avancée. Faut-il attribuer cet accident maladif au simple revirement des poils ou à un état maladif préalable? C'est sans doute ce que l'avenir apprendra.

La *ladrerie* est une maladie reconnue héréditaire, ou du moins dont la prédisposition à la contracter se communique par génération. La viande des porcs ladres est moins salubre que celle des animaux sains; mais si la maladie n'est pas très-avancée, on peut encore sans crainte la livrer à la consommation.

La *vérole* et la *teigne* sont deux maladies qui affectent assez communément les porcelets nouvellement sevrés. On peut les attribuer à la malpropreté des toits et à la pénurie d'aliments.

La *goutte* et les *arthrites* sont assez communes dans nos contrées. Elles sont dues à la mauvaise disposition et à la malpropreté des toits.

Enfin les porcs qui, dans leur jeunesse, ont voyagé, tous ceux que les marchands forains nous amènent, sont fréquemment atteints d'une maladie des pieds, due à la fatigue qu'ils ont éprouvée.

NOTES.

Fontenay, le 8 novembre 1851.

Pendant les cinq années qui se sont écoulées depuis que ce travail a été envoyé à la Société nationale et centrale de médecine vétérinaire, des événements importants se sont succédés. Une révolution a passé sur la France, amenant avec elle des idées nouvelles, mettant à néant des principes jusque-là admis. L'agriculture, bien que complétement en dehors de la politique, n'en a pas moins subi le contrecoup des institutions nouvelles et des luttes de partis. Elle y a gagné la réalisation de certaines des idées émises dans ce mémoire, et a eu à supporter, comme les autres industries, plus que les autres industries, la dépréciation des produits, suite inévitable de toute révolution. Depuis 1846, par le progrès seul des temps, des modifications ont été introduites dans l'agriculture, des importations d'animaux ont été effectuées ou projetées, des croisements en voie d'exécution alors ont été abandonnés. Ces divers changements rendent notre travail un peu suranné, et c'est dans le but de le mettre en rapport avec les idées et les institutions actuelles de l'agriculture, que nous avons cru devoir ajouter ces quelques notes.

NOTE 1.

L'industrie linière de nos contrées vient d'être l'objet d'un peu de sollicitude de la part du gouvernement. Sur les instances de la députation de la Vendée et du comice agricole de Fontenay, des fonds ont été accordés, en 1850, pour l'envoi d'un Belge chargé d'enseigner à nos paysans la préparation des lins telle qu'on l'effectue en Belgique et en Hollande. Une acquisition de lin sur pied fut faite par le comice agricole de Fontenay dans le commune de Vix, et le Belge fut chargé de préparer les produits à la façon de son pays. Le lin qu'il a obtenu a été reconnu bien supérieur à ceux du pays. Il a été jugé capable de rivaliser avec les lins de la Hollande et de pouvoir prendre place dans toutes les manufactures. M. Mareau, filateur à Mortagnes, a estimé ces produits 1 fr. 80 c. le kilogramme, alors que les lins préparés à la manière de notre pays ne se vendaient que 70 à 80 c. le kilogramme.

Nous regrettons que le gouvernement ait réduit l'allocation de cette année à des proportions tellement minimes, que le comice agricole ait été contraint de renoncer à avoir encore un Belge pour continuer les travaux entrepris. L'on s'est contenté d'instituer sur les fonds fournis par l'Etat, le comice agricole et la société de desséchements du Contrebot de Vix, neuf primes de 65 fr., 60 fr., 55 fr., 50 fr., 45 fr., 40 fr., 35 fr., 30 fr., 25 fr. Sept des primes seulement ont pu être distribuées. Nous ne doutons pas qu'un semblable procédé soit susceptible d'amener d'avantageux résultats ; mais nous désirerions qu'à l'appât des primes l'on joignît l'exemple direct. Si le gouvernement pouvait en 1852 accorder pour cet objet une somme raisonnable, nous serions heureux de voir mettre à exécution le projet dont il avait été question au sein du comice agricole. Ce projet consistait à intéresser assez une famille belge pour l'engager à s'établir dans le marais de Vix. On lui concéderait une certaine quantité de terrain qu'elle cultiverait en lin à sa manière et dont elle préparerait les produits. Une prime de..... par kilogramme serait, en outre, accordée à toute personne qui présenterait des lins préparés convenablement par le nouveau procédé. Nous ne doutons pas que l'exemple d'une part, et l'appât de la prime d'autre part, ne fussent de puissants stimulants pour l'industrie linière de nos marais. Les avantages qui en résulteraient seraient évidemment considérables, alors même qu'ils se résumeraient à une augmentation telle que les produits doublassent de valeur.

Note 2.

Le comice agricole de Fontenay avait, depuis quelques années, institué des prix pour les fermiers dont les exploitations offraient en prairies artificielles le tiers de leur étendue. Les fourrages artificiels sont aujourd'hui tellement appréciés des agriculteurs de la plaine, que chaque année un grand nombre de cultivateurs de cette contrée se présentaient au concours, et offraient pour le moins toutes les conditions du programme. Le comice agricole a cru devoir supprimer ces primes comme totalement inutiles. Nous pensons qu'en effet la question est aujourd'hui complétement jugée pour nos plaines calcaires. Les mauvais agriculteurs seuls, ceux pour lesquels de semblables primes seraient toujours de toute inutilité, ne propagent pas assez les prairies artificielles ou y renoncent complétement. Mais, puisque ce point important est obtenu pour la plaine, pourquoi ne pas chercher les moyens d'arriver à quelques résultats analogues en bocage et en marais ? Nous croyons, en outre, que l'on ferait bien d'employer les primes en faveur des racines fourragères que nous ne voyons pas se propager assez, ou en faveur d'autres cultures dont l'utilité directe serait reconnue. Les comices agricoles, en général, nous semblent avoir le tort de trop accorder aux animaux et pas assez à la culture. Ils commencent ainsi l'édifice par le faite, puisqu'il n'est pas d'améliorations durables dans les races animales sans des modifications préalables dans l'agriculture de la localité, et toute amélioration dans la culture se traduit par des changements avantageux dans l'hygiène et dans la conformation des animaux domestiques.

Note 3.

Depuis 1846, les machines à dépicage se sont considérablement propagées dans nos contrées. Le rouleau, conduit par un cheval ou des bœufs se rencontre aujourd'hui dans une grande quantité de fermes. Quelques machines à bras ou ayant des animaux pour moteurs sont aussi assez fréquemment usitées. Enfin, des spéculateurs ont même conduit dans le pays des machines à vapeur propres au dépicage. L'instrument fonctionnant convenablement peut extraire par jour de 150 à 200 hectolitres de grains. Ce sont les gros fermiers du marais qui ont particulièrement fait usage des machines à vapeur. Les conditions sont toujours restées les mêmes entre les moissonneurs et les cabaniers ; ceux-là, en outre de la concession à partie des terres à fèves et des bouses, reçoivent toujours le treizième de la récolte ; seulement ils payent le tiers de 50 c. par hectolitre qu'exigent les propriétaires des machines à vapeur.

Ces nouveaux procédés ont les avantages immenses que nous leur avons signalés dans notre mémoire. Ils laissent aux moissonneurs le temps de vaquer à d'autres travaux, et permettent au propriétaire de serrer sûrement et sans autant de pertes tous ses grains avant les pluies d'automne; tandis qu'autrefois il n'était pas rare de rencontrer des tas de gerbes passant tout l'hiver sur le bord de l'aire, et ainsi exposés à toutes les intempéries. Les moissonneurs eux-mêmes, appréciant l'importance des machines à dépicage sont les premiers à en demander l'emploi.

NOTE 4.

Parmi les institutions nouvelles que la révolution de 1848 a apportées avec elle, nous devons citer l'organisation actuelle de l'agriculture. La République a institué l'instruction agricole sur de très-larges bases. Cette instruction comprend trois degrés successifs : fermes-écoles, écoles régionales, institut national agronomique. Il ne nous appartient pas de discuter ni d'apprécier les critiques sévères auxquelles le haut enseignement agricole a été en butte; nous voulons seulement revenir sur l'importance des fermes-écoles, destinées à faire de bons laboureurs, à faire pénétrer autant par l'exemple que par l'enseignement les bonnes pratiques d'agriculture au sein des populations rurales. La loi organique de l'agriculture porte qu'une ferme-école sera instituée dans chacun des arrondissements de la France. Ce qui nous étonne, c'est la lenteur avec laquelle on procède à leur installation. Nous croyons même, dans notre département, voir percer un certain mauvais vouloir de la part de notre conseil général. Ce mauvais vouloir aurait-il pour cause la crainte exprimée, il y a une couple d'années, dans une séance de ce conseil, quand il s'est agi de transformer le nouvel hospice des aliénés de Napoléon en une école régionale? Craindrait-on, en un mot, comme l'a dit alors un honorable membre, « que l'in-« struction agricole fît pénétrer dans nos campagnes des doctrines sub-« versives? » Pour notre part, nous ne comprenons pas que l'on puisse pousser jusque-là la passion politique. Les progrès agricoles nous semblent en dehors de toute forme gouvernementale. Républicaine ou monarchique, la population n'en augmente pas moins dans une rapide proportion! Or, les produits agricoles doivent augmenter dans une proportion pour le moins analogue; et, pour nous, il n'est d'autres moyens d'arriver à ce résultat que de propager par l'exemple et l'instruction les bonnes méthodes d'agriculture. Quand l'on sera décidé à établir des fermes-écoles dans le département, nous pensons qu'il sera préférable de les placer par régions que par arrondissements. Il faudrait en Vendée une de ces institutions en bocage, une autre en plaine, une troisième dans le marais méridional, et peut-être même une quatrième dans le marais occidental. La pratique de l'agriculture est, en effet, différente dans chacune de ces régions; l'on ne peut enseigner en marais l'agriculture du bocage, ni dans cette dernière contrée celle de la plaine.

Nous avons aussi à dire quelques mots de la nouvelle représentation agricole, ayant pour point de départ le comice et pour couronnement la chambre consultative d'agriculture. Nous ne doutons pas que de ces diverses réunions d'hommes essentiellement versés dans les pratiques agricoles, il sorte d'excellentes choses, des propositions d'amélioration parfaitement réalisables et susceptibles d'amener des modifications agronomiques on ne peut plus avantageuses. Les agriculteurs feront donc bien de se rapprocher des comices, qui ne sont plus dès aujourd'hui de simples agents propagateurs des meilleures pratiques agricoles, mais qui deviennent des moyens à l'aide desquels il leur sera possible de faire connaître en hauts lieux leurs justes griefs.

NOTE 5.

L'augmentation successive des achats de chevaux de remonte, que nous avons signalée, ne s'est point soutenue pendant ces cinq dernières années. Ce n'est certes point une appréciation désavantageuse de nos produits qui peut en être la cause, puisque la succursale de Fontenay vient, dans ces derniers jours, d'être transformée en dépôt, et qu'une semblable faveur n'est accordée qu'aux pays essentiellement de bonne production. Nous pensons que la diminution des achats est une mesure générale, nécessitée par les acquisitions supplémentaires de 1848. Au sujet de ces achats supplémentaires, nous ne pouvons que déplorer la manière dont ils ont été faits. Des commissions spéciales ont été nommées, et des spéculateurs ont été spécialement autorisés à y présenter des animaux. Pour les commissions placées dans les villes frontières, l'on pourrait peut-être bien dire que les animaux qu'elles ont achetés venaient de l'étranger ; mais celle de ces commissions qui effectuait ses achats à Poitiers n'a certainement reçu qu'un nombre infiniment restreint de chevaux étrangers. Ce ne sont autre chose que des animaux pris dans la circonscription des établissements de remonte desservant nos contrées, qui ont été présentés à la commission et acceptés par elle. Nous avons vu des fournisseurs d'alors acheter sur nos champs de foire vendéens, pour 300 à 500 fr., des chevaux faisant taille de dragon ou de cuirassier. Ces produits avaient, pour différents motifs, été refusés par le dépôt de remonte de la localité, ce qui ne les a pas empêchés d'entrer dans l'armée par la porte des commissions extraordinaires. Or, à qui a profité le bénéfice ? Uniquement aux fournisseurs improvisés. N'eût-il pas mieux valu, nous le demandons, puisque l'on était contraint de prendre des animaux inférieurs, n'eût-il pas mieux valu charger les établissements de remonte eux-mêmes d'effectuer ces achats supplémentaires, en engageant les officiers acheteurs à être moins sévères sur les formes ? Dans ce cas, le bénéfice eût été entièrement pour l'agriculture. Cet argent eût soulagé les populations rurales, au lieu d'entrer exclusivement dans la bourse des spéculateurs.

NOTE 6.

Nous ne voulons pas discuter ici l'utilité ou l'inutilité des haras pour fournir les étalons des races communes. Nous acceptons les faits tels qu'ils existent ; nous voyons l'esprit d'envahissement de cette administration, et nous ne pensons qu'au moyen de le rendre le plus avantageux possible.

Nous regrettons que, malgré les vœux réitérés du conseil général de la Vendée, malgré l'opinion bien arrêtée et bien connue de tous les agriculteurs de la plaine et du marais, l'administration des haras semble s'obstiner à ne placer dans nos contrées que des étalons propres tout au plus à produire des animaux carrossiers. Les étalons nationaux que le dépôt de Napoléon place dans les deux zônes sud de l'arrondissement sont aujourd'hui au nombre de vingt à peu près. Ce ne serait pas tout à fait assez encore si ces animaux appartenaient en majorité à la race mulassière, mais c'est trop si l'on ne doit nous fournir que du sang anglais plus ou moins mélangé. Il faut une opinion bien arrêtée de la part des haras pour ne pas céder à des vœux si unanimement exprimés par nos producteurs vendéens. Nous entendons dire chaque jour que le dépôt de Napoléon fait des achats dans le pays, et qu'il possède des étalons propres à l'industrie mulassière. Nous ne savons certes pas comment se font les choses, mais ce qu'il y a de certain, c'est que les chevaux de la race mulassière nous paraissent bien rares, pour ne pas dire souvent invisibles dans les stations du pays. Nous voudrions voir appartenir à la vraie race mulassière pour le moins la moitié des étalons que l'on place dans les stations de la plaine et du marais ; le reste appartiendrait à la race des gros chevaux carrossiers. Une couple seulement de pur sang anglais pourrait être placée dans les villes principales, afin de contenter nos riches amateurs.

NOTE 7.

Ce que nous prévoyions au sujet des croisements de nos races bovines avec les taureaux de Durham n'a pas tardé à se produire. Depuis bientôt quatre ans ce mode d'amélioration est en Vendée totalement abandonné. Gaudissart, devenu trop lourd pour faire la monte, a été réformé, et depuis lors aucune nouvelle acquisition de ce genre n'a été faite. Depuis 1846 nous avons pu nous convaincre que ce que nous avancions au sujet des produits provenant du premier croisement de nos animaux avec les durhams est toujours parfaitement exact. Les croisés durhams sont maintenant mieux appréciés que jadis ; ils sont même recherchés par des agriculteurs qui les repoussaient alors. Nous sommes persuadés que si aujourd'hui l'on revenait aux croisements avec les taureaux anglais, l'on obtiendrait de meilleurs résultats qu'autrefois. Si nous voulions proposer un croisement avec une race étran-

13

gère à nos contrées, et si nous n'avions pas la conviction bien arrêtée que l'amélioration de nos races bovines par elles-mêmes est le moyen le plus certain d'arriver à d'importants résultats, nous conseillerions de s'adresser à la race de Durham. Nous renouvellerions seulement le conseil que nous avons donné dans d'autres circonstances, nous dirions à nos agriculteurs de s'arrêter au premier croisement, afin de donner aux produits une plus grande propension à l'engraissement, tout en leur conservant encore de l'aptitude au travail. Nous renouvellerions aussi le vœu de voir exclure rigoureusement du bocage la race anglaise à courtes cornes améliorée, et ceci pour les mêmes motifs que nous avons cités lorsque ces croisements étaient chez nous en vigueur.

<h3 style="text-align:center">NOTE 8.</h3>

Aussitôt après que la Société centrale de médecine vétérinaire a eu accordé à ce mémoire une de ses premières récompenses, le rapporteur de la commission chargée de l'examen des statistiques, M. Yvart, inspecteur des Écoles vétérinaires et des bergeries nationales, voulut bien se mettre en rapport avec nous dans le but de faire mettre à exécution une des propositions que contenait ce travail. Approuvant entièrement l'utilité des dishley et des new-kent en marais, le savant inspecteur voulut chercher à placer quelques-uns de ces béliers dans nos fertiles alluvions. Nos communs efforts échouèrent devant des difficultés malheureusement trop nombreuses. Nous ne saurions cependant trop recommander à nos agriculteurs les races anglaises à laines longues. Comme M. Yvart, nous ne doutons nullement que de telles améliorations se produisent un jour par la force seule des choses; cependant nous croyons devoir encore nous adresser aux comices agricoles, dont nous reconnaissons volontiers toute la bonne volonté. Nous leur dirons, ainsi qu'au conseil général d'agriculture du département, d'étudier à fond la question, de mettre dans la balance, d'une part, les immenses avantages qui résulteraient d'une semblable importation, et, de l'autre, le peu de dépenses qu'elle nécessiterait. Il est presque certain que la pourriture ferait de moindres ravages avec des métis anglo-mérinos qu'avec les mérinos purs; puis, la prime assez considérable que le gouvernement accorderait, jointe au prix de vente des béliers à leur arrivée dans le pays, permettrait peut-être à la Société qui entreprendrait ces importations de rentrer entièrement dans ses déboursés.

<h3 style="text-align:center">NOTE 9.</h3>

Depuis la présentation de ce travail à la Société nationale et centrale de médecine vétérinaire, nous sommes heureux d'annoncer que l'amélioration des races porcines vient d'être appréciée à sa juste valeur. Quelques-uns de nos riches propriétaires agriculteurs ont enfin daigné jeter les yeux sur nos cochons domestiques, et, en justes appréciateurs des intérêts agricoles, ils ont introduit dans nos contrées quelques-unes des meilleures races étrangères.

Les anglo-turco-chinois ont pénétré en Vendée. Leurs qualités ont parfaitement été appréciées des agriculteurs instruits. Les produits que l'on a obtenus en croisant cette race avec les animaux du pays sont bien supérieurs aux nôtres sous le point de vue de la propension à l'engraissement ; cependant, le préjugé de nos campagnards au sujet des porcs à robe noire a été plus fort que toutes les qualités des animaux et tout le bon vouloir des innovateurs. Ces animaux, loin de se propager beaucoup, sont restés la propriété exclusive de quelques riches propriétaires. Nous avons vu chez M. Chabot, propriétaire à Sainte-Hermine, des produits provenant du croisement des anglo-turco-chinois avec la race du bocage, et offrant sur nos porcs vendéens une supériorité incontestable sous le point de vue de la régularité des formes.

Nous avons à signaler une autre importation toute récente, susceptible peut-être de produire des résultats plus avantageux que celle des anglo-turco-chinois. C'est à MM. Chabot et Marchegay, propriétaires à Sainte-Hermine, que nous devons cette nouvelle introduction d'animaux de l'espèce porcine. Ces messieurs, lors de leur voyage en Angleterre dans le but d'apprécier les merveilles du palais de cristal, ont eu l'occasion de visiter, dans le parc privé du magnifique château de Windsor, l'exposition annuelle des animaux domestiques du Royaume-Uni. Au moment où nous écrivons ces lignes, nous avons sous les yeux une traduction d'un article du journal anglais *le Times*, daté du 15 juillet 1851, que nous devons à l'un de nos compatriotes, M. Gustave Rivaland fils, propriétaire à Saint-Juire-Champgillon, et que M. Chabot a bien voulu nous communiquer. La relation du journal anglais nous prouve une fois de plus combien les propriétaires d'au delà la Manche sont plus que nous appréciateurs sensés des améliorations agricoles, combien plus que nous ils ont de goût et d'émulation pour tout ce qui touche aux importantes productions du sol. L'exposition de 1851 offrait un nombre total de 1,267 animaux, parmi lesquels on remarquait surtout les bœufs, les moutons et les porcs.

MM. Chabot et Marchenay étaient donc là admirablement bien placés pour faire judicieusement un choix de reproducteurs propres à régénérer nos porcs vendéens. Ces messieurs ont cru devoir choisir les deux races du Yorkshire, et ils ont, en conséquence, fait l'acquisition de trois animaux de la petite race et de deux de la plus grande [1]. Nous avons vu ces animaux chez leurs nouveaux propriétaires, qui se sont empressés de nous donner tous les renseignements désirables. Les

---

[1] Les deux grandes femelles, dont une a succombé depuis son arrivée à Sainte-Hermine, étaient exposées à Windsor dans la Class. III *Breeding sows of a large breed*, sous le n° 903 du catalogue et au nom de M. Joseph

races porcines du Yorkshire se caractérisent par une tête courte, à chanfrein déprimé ; les oreilles sont droites ; les épaules et les reins sont prodigieusement larges ; le dos est presque droit ; les jambes sont très-courtes, et le ventre est conséquemment très-près de terre. Ces animaux ont le poil blanc et plus fin que celui des nôtres ; leur tempérament est plus lymphatique ; ils ont une plus grande propension à l'engraissement et sont très-faciles à nourrir. A l'institut de Versailles, où l'on possède la plus petite des deux races, l'on affirme, nous a dit M. Chabot, que les cochons du Yorkshire produisent une quantité voulue de graisse avec moitié moins d'aliments que les races françaises. La grande race arrive, dit-on, au poids de 400 à 450 kilogrammes, tandis que la petite n'atteint guère que la moitié de ce poids. Une fois parfaitement gras, les animaux offrent de chaque côté des joues une masse tellement pendante et rebondie de tissus adipeux, que les yeux en deviennent presque pas apparents. Leur physionomie est alors si difforme qu'au dire de M. Chabot, la reine d'Angleterre, lors de sa visite à l'exposition de Windsor, ne put maintenir toute sa gravité à la vue d'une truie de cette race.

Nous croyons surtout devoir appeler l'attention de nos agriculteurs sur la petite race, plus à la portée que la grande de la masse des cultivateurs. Nous pensons que, par le croisement de ces animaux avec les races du pays, l'on pourrait obtenir des produits bien supérieurs aux cochons vendéens. La seule crainte que nous éprouvons, c'est que les sujets que l'on obtiendra ne soient pas assez marcheurs pour aller au loin chercher leur nourriture. Encore ce défaut disparaîtrait-il sans doute, du moins en partie, dans les sujets croisés ; il ne serait réel que pour le pur sang anglais.

Selon nous, une semblable importation est un bienfait pour le département ; nous devons, en conséquence, au nom des cultivateurs vendéens, au nom de quiconque est désireux de voir s'améliorer le sort des populations rurales, nous devons des remerciments à MM. Chabot et Marchegay pour cette preuve de leur sollicitude en faveur des intérêts agricoles.

Tuley. Elles étaient âgées de seize semaines et ont été payées 11 guinées (293 fr. 70 c.).

Le même propriétaire a vendu un mâle, non exposé, pour la somme de 5 liv. sterl. (125 fr).

Un autre mâle, exposé sous le n° 919, au nom de M. Samuel Munro, a été payé 3 liv. 10 sh. (87 fr. 50 c.). Il était âgé de neuf semaines.

Enfin, une autre truie, exposée dans la Class. VI. *Breeding sowpigs of a small breed*, sous le n° 984 et au nom de M. John Rinder, a été également payée 3 liv. 10 sh. (87 fr. 50 c.). Elle était, ainsi qu'il est inscrit au catalogue, âgée, lors de l'exposition, de dix-sept semaines et trois jours.

A leur arrivée à Sainte-Hermine, ces animaux sont revenus, tous frais payés, à plus du double de leur prix d'achat.

Paris. — Tipographie de PENAUD frères, 10, Faub-Montmartre.